药用植物鉴别
及分类研究

陈苏丹◎著

中国水利水电出版社
www.waterpub.com.cn
·北京·

内 容 提 要

随着科学技术的发展,中药现代化研究的逐步深入,中药材的鉴别日益受到人们的重视。本书作者在长期研究药用植物应用的基础上,对传统教材的内容和结构进行调整,重点阐述药用植物的基本知识与鉴别的基本技能,共分为两篇:第一篇为药用植物鉴别基础;第二篇为药用植物的分类。本书内容丰富,条理清晰,图文并茂,难易兼顾,可供广大中医药爱好者、学习者与工作者在实际工作中正确鉴定药用植物。

图书在版编目(CIP)数据

药用植物鉴别及分类研究 / 陈苏丹著. -- 北京 :
中国水利水电出版社,2016.9(2022.9重印)
ISBN 978-7-5170-4663-9

Ⅰ. ①药… Ⅱ. ①陈… Ⅲ. ①药用植物—鉴别 Ⅳ.
①S567

中国版本图书馆CIP数据核字(2016)第207809号

责任编辑:杨庆川 陈 洁　　　封面设计:崔 蕾

书　　名	药用植物鉴别及分类研究　YAOYONG ZHIWU JIANBIE JI FENLEI YANJIU
作　　者	陈苏丹 著
出版发行	中国水利水电出版社
	(北京市海淀区玉渊潭南路1号D座 100038)
	网址:www.waterpub.com.cn
	E-mail:mchannel@263.net(万水)
	sales@mwr.gov.cn
	电话:(010)68545888(营销中心)、82562819(万水)
经　　售	全国各地新华书店和相关出版物销售网点
排　　版	北京鑫海胜蓝数码科技有限公司
印　　刷	天津光之彩印刷有限公司
规　　格	170mm×240mm　16开本　17.5印张　227千字
版　　次	2016年9月第1版　2022年9月第2次印刷
印　　数	2001—3001册
定　　价	52.50元

前　言

　　药用植物是中药的重要组成部分,其来源方便、资源丰富、随处可得,在中华民族与疾病的抗争中起着很大的作用,自古以来受到人们的重视。当前,随着中药资源日趋减少,众多药用植物越来越展现了其重要性。为此寻找新的药源,开发新的用途,识别众多的药用植物非常重要。

　　药用植物学是一门研究具有医疗保健作用的植物形态、组织、生理功能、分类鉴定、细胞组织培养、资源开发和合理利用的科学。中药材的97%来源于植物,所以药用植物的鉴别对中药研究的现代化具有深远的意义。

　　药用植物的鉴别非常重要,药用植物学的任务主要是系统地学习植物学知识,用来研究药用植物的分类鉴定,调查药用植物资源,整理中草药的种类,保证用药准确有效。因此,为了使读者在较短的时间内掌握识别药用植物的方法,本书作者在长期研究药用植物应用的基础上,参阅了国内外大量识别药用植物的经验,历经多年,撰写了《药用植物鉴别及分类研究》,供广大中医药爱好者、学习者与工作者在实际工作中正确鉴定药用植物。

　　本书是学科知识与作者经验融合凝练的范本,内容上分为两篇,共7章。第一篇为药用植物鉴别基础,用3个章节(第1章～第3章)来描述,重点介绍药用植物的细胞与组织、器官的形态构造特点以及药用植物鉴别的方法,为后续内容的学习奠定基础。第二篇为第4章～第7章内容,描述了药用植物的分类,重点介绍常见科的主要特征和代表药用植物,诸如菌类与地衣、苔藓与蕨类、裸子植物与被子植物等,详细地描述了药用植物形态特征、入药部位及功效等。

　　本书对药用植物的命名、鉴别方法、植物形态术语以及选取的多个科的特征和代表植物进行了描述,作为药用植物鉴别的参考,并对药用植物的开发利用进行了简要的论述,以增加实用性。本书的特色是:文字简明扼要,重点突出,力求科学性和实用性;图文并茂,直观性强,以增强药用植物形态的直观性。本书在突出科学性、先进性、适用性、启发性的同时更加注重实践能力培养,力争满足当前国内中医药科研生产及相关学科人员的参阅。

　　本书在撰写的过程中参考了大量书籍,在此向有关作者表示衷心的感谢并已在参考文献中列出。

　　由于篇幅有限,个别药用植物的表述可能不够详细,同时受作者水平所限,书中难免存在错误和不妥之处,敬请广大读者提出宝贵意见。

作　者

2016 年 5 月

目　录

前言

第一篇　药用植物鉴别基础

第1章　药用植物的细胞与组织 …………… 1

1.1　药用植物细胞的形态 …………… 1

1.2　药用植物细胞的基本结构 …………… 2

1.3　药用植物细胞的分裂 …………… 21

1.4　药用植物的组织类型 …………… 25

1.5　药用植物的维管束及其类型 …………… 46

第2章　药用植物的器官 …………… 49

2.1　根 …………… 49

2.2　茎 …………… 65

2.3　叶 …………… 79

2.4　花 …………… 90

2.5　果实 …………… 100

2.6　种子 …………… 108

第3章　药用植物鉴别的方法 …………… 115

3.1　药用植物标本的采集 …………… 115

3.2　药用植物标本的制作 …………… 121

3.3　药用植物鉴别的方法 …………… 127

第二篇　药用植物的分类

第4章　药用植物分类的概述 …………… 133

4.1　植物分类的发展 …………… 133

4.2　药用植物的分类等级 ……………………………… 138

4.3　植物的命名法 ……………………………………… 140

4.4　植物界的分门别类 ………………………………… 146

4.5　植物分类检索表的编制及使用 …………………… 148

第 5 章　药用菌类与药用地衣 ………………………… 151

5.1　菌类与地衣的基础知识 …………………………… 151

5.2　常见的药用真菌植物 ……………………………… 157

5.3　常见的药用地衣植物 ……………………………… 167

第 6 章　药用苔藓与药用蕨类 ………………………… 171

6.1　苔藓与蕨类植物的基础知识 ……………………… 171

6.2　常见的药用苔藓植物 ……………………………… 179

6.3　常见的药用蕨类植物 ……………………………… 183

第 7 章　药用裸子植物与被子植物 …………………… 198

7.1　裸子植物与被子植物的基础知识 ………………… 198

7.2　常见的药用裸子植物 ……………………………… 204

7.3　常见的药用被子植物 ……………………………… 213

参考文献 ………………………………………………… 273

第一篇　药用植物鉴别基础

第1章　药用植物的细胞与组织

除病毒外,所有的生物体都是由细胞构成的,细胞不仅是生物体的结构单位,也是生命活动的基本单位。植物组织是由许多来源不同形态结构相似、生理功能相同而又密切联系的细胞所组成的细胞群。

1.1　药用植物细胞的形态

某些由单细胞构成的低等植物,如衣藻、小球藻以及菌类的生长、发育和繁殖等生命活动,都是在一个细胞内完成的。高等植物的个体,在形成初期也只有一个细胞,在经过细胞的分裂、生长和分化后,形成了许多形态与功能不同的细胞,这些细胞在植物体中相互联系,彼此协作,共同完成植物体的生长发育等复杂的生命活动。

无论是低等植物还是高等植物均由细胞构成。单细胞植物(如小球藻),只由一个细胞组成,直径大约几微米;多细胞植物(如高等植物)是由许多形态和功能不同的细胞构成,各细胞相互依存、彼此协作,共同完成复杂的生命活动。

植物细胞的形态多种多样,并随植物种类、存在部位和功能不同而异。单细胞植物(如小球藻)的细胞处于游离状态,常呈球形或近球形。多细胞植物的细胞形态较复杂,特别是高等植物体的细胞呈现出与其功能相适应的各种形态变化。如根尖分生区细胞小，壁薄，排列紧密，具有很强的分生能力；起支持作用的纤维细胞多呈长梭形，并聚集成束，以加强支持作用；位于体表起保护作用的细胞扁平，表面观形状不规则，细胞彼此嵌合，接合紧密，不易被拉破。

植物细胞的大小差异较大，直径一般在 $10\sim100\mu m$，无法用肉眼观察到。单细胞植物的细胞较小，常只有几微米；少数植物细胞较大，肉眼能够观察到，如棉花种子上的单细胞毛可长达65mm 左右，苎麻纤维细胞甚至长达 $200\sim550mm$。一个细胞的体积大小主要受细胞核所能控制的范围制约和细胞相对表面积大而有利于物质的交换和转运这两个因素的影响，同时在同一植株的不同部位细胞体积的大小差异与细胞代谢活动及功能相关。

1.2　药用植物细胞的基本结构

植物细胞一般都较小，必须在显微镜下才能看到，直径在 $10\sim100\mu m$ 之间。但植物细胞的大小差异很大，细菌的细胞其直径小于 $0.2\mu m$。有的植物细胞则较大，如贮藏组织细胞的直径可达 1mm。

用光学显微镜可以观察到植物细胞的细胞壁、细胞质、细胞核、质体和液泡等结构。通过光学显微镜观察到的细胞构造称显微结构（microscopic structure）（图 1-1）。电子显微镜的放大倍数超过 100 万倍，在电子显微镜下观察到的细胞精细结构称为亚显微结构（submicroscopic structure）或超微结构（ultramicroscopic structure）（图 1-2）。

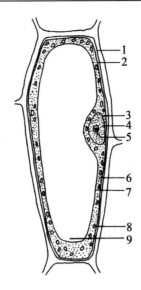

图 1-1　植物细胞的显微构造(模式图)

1. 细胞壁;2. 细胞质膜;3. 核膜;4. 核基质;5. 核仁;

6. 细胞质;7. 液泡膜;8. 叶绿体;9. 液泡

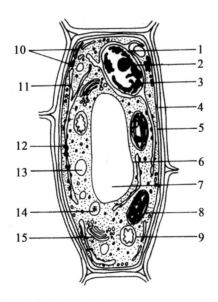

图 1-2　植物细胞的超微构造(模式图)

1. 核膜;2. 核仁;3. 染色质;4. 细胞壁;5. 细胞质膜;6. 液泡膜;

7. 液泡;8. 叶绿体;9. 线粒体;10. 微管;11. 内质网;

12. 核糖体;13. 圆球体;14. 微球体;15. 高尔基体

1.2.1 细胞壁

细胞壁(cell wall)是植物细胞特有的结构。细胞壁包围在原生质体外面,具有一定硬度和弹性,使细胞保持一定的形状,并起到保护细胞的作用。它随着细胞内原生质体生长而在大小和形状上不断变化。

在中药显微鉴定中,细胞壁具有极为重要的作用,在已经失去绝大部分原生质体的死亡细胞中,能在显微镜下看到最多的就是不同类型的细胞壁,如木栓细胞、石细胞、导管,甚至一些薄壁细胞也只剩下一个主要由纤维素构成的细胞外壁。

1. 细胞壁的化学组成

细胞壁的组成物质可分为构架物质和衬质,构架物质主要是纤维素,是由 100 或更多葡萄糖基链接而成的长链化合物,多条这样的长链构成的细丝称微纤丝(microfibril),由微纤丝相互交织成的网状结构是细胞壁的基本构架。其具亲水性,化学性质较稳定,能够耐受酸、碱及多种溶剂。衬质包括非纤维素多糖、蛋白质和水,以及木质素、角质、木栓质和蜡质等。衬质蛋白包括结构蛋白质类、酶及一些功能尚未明确的蛋白质;多糖包括果胶、半纤维素、胼胝质等;木质素是构成细胞壁的另一类重要物质,增加了细胞壁的机械强度,但不是所有细胞壁都存在木质素。

2. 细胞壁的分层

根据细胞壁形成的先后、化学成分和结构的不同,细胞壁可分为胞间层、初生壁和次生壁三层(图 1-3)。

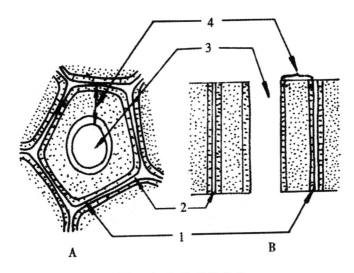

图 1-3　细胞壁的结构

A. 横切面；B. 纵切面

1. 初生壁；2. 胞间层；3. 细胞腔；4. 三层的次生壁

3. 细胞壁的功能

细胞壁具有支持和保护功能，细胞壁限制了细胞过度吸水而胀破，而紧胀的细胞能使植物体保持一定紧张度而维持了器官与植株伸展的姿态。细胞壁还能降低蒸腾作用、防止水分损失（次生壁、表面的蜡质等）、调节植物水势等。此外，细胞壁中存在许多具有生理活性的蛋白质，参与物质的吸收、运输、分泌，以及信号传递、识别等生命活动。

细胞壁主要由纤维素构成，由于受植物生长环境的影响和为适应不同生理功能的需求，原生质体常常还分泌各种不同的化学物质与纤维素密切结合，使细胞壁的结构、组成和理化性质发生各种变化。常见的有木质化、木栓化、角质化、黏液质化和矿质化等。

4. 胞间连丝和纹孔

（1）胞间连丝（plasmodesmata）

胞间连丝是穿过胞间层和初生壁沟通相邻细胞的原生质

丝。一般难以观察到胞间连丝,但柿、黑枣、马钱子等的胚乳细胞壁较厚,胞间连丝分布较集中,经过染色处理能在显微镜下观察到其胞间连丝(图 1-4)。初生壁上还存在一些较薄的区域称初生纹孔场(primary pit fields),其上有一些小孔,其间也有胞间连丝穿过。

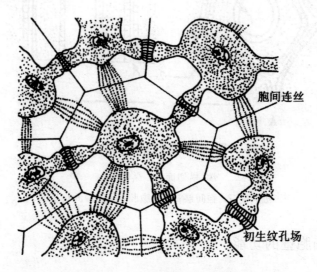

图 1-4　象牙棕的胞间连丝

(2)纹孔(pit)

次生壁形成时,并不是在初生壁的内表面处处铺盖,未铺盖的地方就成为凹陷区。凹陷区有数种构型,大小也有不同,其中一种呈较小的坑状。这种小坑状的凹陷区就叫做纹孔(图 1-5)。纹孔对的存在有利于水分及其中的无机盐在相邻细胞间的运输。

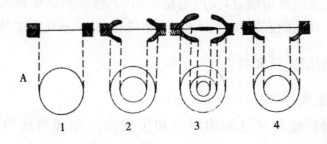

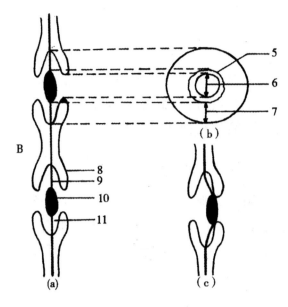

图 1-5　纹孔的图解

A. 纹孔的类型；B. 具缘纹孔的详图

(a)两个具缘纹孔的侧面观；(b)具缘纹孔对的表面观；(c)闭塞的具缘纹孔

1. 单纹孔；2. 具缘纹孔(被子植物)；3. 具缘纹孔(裸子植物)；

4. 半缘纹孔；5. 纹孔塞；6. 纹孔口；7. 塞缘；

8. 纹孔缘；9. 纹孔膜；10. 纹孔塞；11. 纹孔腔

纹孔常在相邻两细胞壁的相同部位上成对出现，这样的一对纹孔特称为纹孔对(pit pair)。纹孔对具有一定的形状和结构，其上可见 2 个纹孔腔、2 个纹孔口和 1 个纹孔膜。

1.2.2　原生质体

原生质体是细胞内有生命物质的总称，构成原生质体的主要物质基础是原生质。原生质最主要的组成成分是以蛋白质和核酸为主的复合物，其中核酸有两类，一类是脱氧核糖核酸(DNA)，另一类是核糖核酸(RNA)。DNA 是遗传物质，决定生物体的遗传和变异；RNA 则是把遗传信息传送到细胞质中的中间体，在细胞质中直接影响着蛋白质的产生。此外,原生质中还有水、脂类、有机物、无机盐等其他物质。

原生质体是细胞的主要成分,细胞的一切生命活动都是由原生质体来完成的。原生质体在不断进行代谢活动并进一步分化形成多种复杂的结构,包括细胞质、细胞核、质体、线粒体、高尔基体、核糖核蛋白体(简称核糖体)、溶酶体等。

1. 细胞质

细胞质是充满在细胞壁和细胞核之间的半透明、半流动、无固定结构的基质,是原生质体的最基本组成部分,主要由蛋白质和类脂组成。在细胞质内还分散着细胞核、质体、线粒体和后含物。

2. 细胞器

细胞器是细胞质内具有一定形态结构、成分和特定功能的微器官,也称拟器官。植物的细胞器一般包括细胞核、质体、液泡、线粒体、内质网、高尔基体、溶酶体、核糖体、微体等。

(1)细胞核

细胞核(cell nucleus)是细胞生命活动的控制中心。除细菌和蓝藻外,所有的植物细胞都含有细胞核,高等植物的细胞通常只有一个细胞核,但一些低等植物如藻菌类和被子植物的乳汁管细胞、花粉囊成熟期绒毡层细胞具有双核或多核,而成熟筛管无细胞核。

根据细胞的进化地位、结构和遗传方式的不同,主要是细胞核结构的不同,细胞可以分为原核细胞(prokaryotic cell)与真核细胞(eukaryotic cell)。原核细胞没有定型的细胞核。由原核细胞构成的生物称原核生物(prokaryote)。真核细胞有定型的细胞核,核外有核膜包被。由真核细胞构成的生物称为真核生物(eukaryote)。

细胞核一般呈圆球形、椭圆形、卵圆形等。在幼小的细胞中,细胞核位于细胞中央,随着细胞的长大和中央液泡的形成,细胞核也随之被中央液泡挤压到细胞的一侧,形状呈扁圆形。在有的成熟细胞中,细胞核也可借助于几条线状的细胞质四面牵引而保持在细胞的中央。

细胞核的主要功能是控制细胞的遗传和生长发育,也是遗传信息的载体 DNA 贮藏、复制和转录的场所,并且决定蛋白质的合成,控制质体、线粒体中主要酶的形成,控制和调节细胞其他生理活动。细胞核具有复杂的内部结构,由核膜、核液、核仁、染色质(染色体)四部分构成。

1)核膜(nuclear membrane)

核膜是分隔细胞质与细胞核的界膜,又称核被膜,包括双层核膜、核孔复合体和核纤层等。核膜内面有核纤层,成纤维网络状,与有丝分裂中核膜崩解和重组有关。核膜上还有许多均匀或不均匀分布的小孔,称为核孔(nuclear pore),不同植物细胞的核孔具有相同结构,并以核孔复合体(nuclear pore complex)的形式存在。核内产生的 mRNA 前体,只有加工成熟的 mRNA 才能通过核孔进入细胞质,而糖类、盐类和蛋白质能通过核膜出入细胞核。核孔的数目、分布和密度与细胞代谢活性有关,细胞核与细胞质之间物质交换旺盛的部位核孔数目多。

2)核仁(nucleolus)

核仁是悬浮于核液中的 1 个或几个折光率较强的小球体。其主要化学成分是蛋白质、RNA 和 DNA,主要作用是产生核糖核蛋白体,并将之转移到细胞质中。

3)核液(nucleochylema)

核液是充满在核膜以内的黏滞度较大的液态胶体。其主要化学成分是聚合度较低的蛋白质、RNA、酶,另外还有水。

4)染色质(chromatin)

染色质是悬浮于核液中的易被碱性染料着色的物质。其主要成分是蛋白质和 DNA。在尚未进行分裂的细胞核中,染色质呈细网状结构,难以让人看清其形态。细胞核开始分裂后,染色质先是浓缩成一条条长丝状物，继而浓缩成一个个粗短的棒状体。这两者均被称为染色体（chromosome），其中前者能让人大致看清其形态，后者则能让人精确数出其数目和具体分析其形态。染色质是贮藏、复制和传递遗传信息的主要物质基础。

（2）质体（plastid）

质体是植物细胞特有的、具双层膜包被的细胞器，分为叶绿体（chloroplast）、有色体（chromoplast）和白色体（leucoplast）3 种（图 1-6），它们与碳水化合物合成和贮藏密切相关，在一定条件下，它们之间可相互转化。

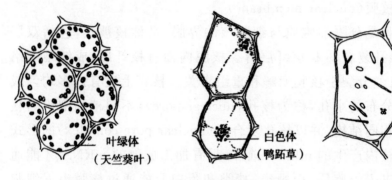

图 1-6　质体的类型

1）叶绿体（chloroplast）

叶绿体是进行光合作用的细胞器，广泛地存在于植物绿色部分的细胞中，如叶肉组织、幼茎的皮层和厚角组织等。叶绿体的形状、数目和大小随植物种类和不同细胞而异。高等植物的叶绿体形状、大小比较接近，多呈球形、卵形或双凸透镜形的绿色颗粒状，在细胞中的分布与光照有关。

在电子显微镜下观察，叶绿体是由双层单位膜包被，里面为无色的溶胶性蛋白质所组成的基质（matrix）；基质中有多个基粒（granum），每个基粒由内层单位膜分别围出的数个扁平状类囊体（thylakoid）迭置而成。基粒上含有叶绿素及与光合作用有关的酶，基粒间有间膜（frets）相连（图 1-7）。

图 1-7　叶绿体的立体结构图解

1. 外膜；2. 内膜；3. 基粒；4. 基粒间膜；5. 基质

叶绿体主要由蛋白质、类脂、核糖核酸和色素所组成，此外还含有与光合作用有关的酶和多种维生素等。同时，叶绿体基质中具有环状双链 DNA，称叶绿体基因组。叶绿体基因组相对独立于核基因组，编码叶绿体自身的部分蛋白质，并用其具有的核糖体，合成自身的蛋白质。

2）有色体（chromoplast）

有色体常呈杆状、针状、圆形、多角形或不规则形，常存在于花、果实和根中。其所含色素主要是胡萝卜素和叶黄素等，由于两者在植物体中比例不同，故使植物呈现黄色、橙色或橙红色。如在胡萝卜的根、蒲公英的花瓣、番茄的果肉细胞中均可看到有色体。

3）白色体（leucoplast）

白色体是最小的一类质体，不含色素，呈无色圆形、椭圆形或纺锤形颗粒状。在植物的分生组织、种子的幼胚以及所有器官的无色部分均可发现，大多围绕细胞核而存在。白色体与积累贮藏物质有关，它包括合成贮藏淀粉的造粉体，合成贮藏蛋白质的蛋白质体和合成脂肪及脂肪油的造油体。

在电子显微镜下观察，可见有色体和白色体也包被有两层单位膜，膜以内也为基质；也有类囊体，但极少而不形成基粒。

三种质体一般是由一种叫做前质体的结构发育分化而来，在一定条件下,它们可以互相转化。

（3）液泡（vacuole）

液泡亦是植物细胞特有的细胞器,由单层膜及其内包被的细胞液构成。在幼小细胞中,液泡小、数量多或不明显,随着细胞长大成熟,液泡体积逐渐增大,并彼此合并成几个大液泡或一个中央大液泡。成熟细胞中液泡占细胞体积的 90% 以上,将细胞器、细胞核等挤向细胞的周边（图 1-8）。

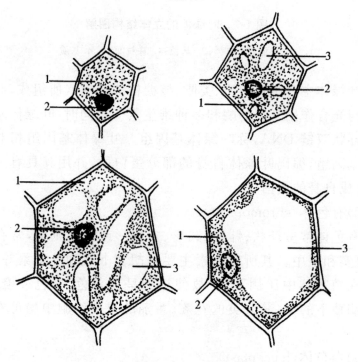

图 1-8　液泡的形成

1. 细胞质；2. 细胞核；3. 液泡

液泡外包被的单层膜,称液泡膜（tonoplast）,它把膜内的细胞液与细胞质隔开,是有生命的,是原生质体的一个组成部分,有选择透性,与细胞质膜相通,共同控制着细胞内外水分和物质的交换。液泡膜内充满细胞液,是细胞新陈代谢过程产生的混合液,是无生命的。细胞液主要成分除水分外,还有糖类（saccharides）、盐类（salts）、生物碱类（alkaloids）、苷类（glycosides）、鞣质（tannins）、有机酸(organic acids)、挥发油(volatile oil)、色素(pigments)、树脂(resin)等,其中不少化学成分具有很强的生理活性,往往是植物药的有效成分。细胞液成分复杂,随植物种类、组织器官和发育时期不同而异,如长春花的液泡中含有长春花碱。同时,有些细胞的液泡中还含有多种水溶性色素,特别是花青素,使植物的花、果实等器官呈现紫色、蓝色等各种颜色。

(4)线粒体(mitochondria)

线粒体是内外两层膜包裹的囊状细胞器,直径约 $0.5\sim1\mu m$,长约 $1\sim2\mu m$,经特殊染色后,在光学显微镜下呈球状、颗粒状、棒状、丝状或分枝状。线粒体的数目随不同细胞而不同,代谢活跃的细胞如分泌细胞中的线粒体较多。电子显微镜下可见线粒体的外膜平整,内膜在不同的部位向内折叠,形成许多管状或隔板状突起,这种突起称嵴(cristae),嵴之间充满可溶性蛋白为主的基质。线粒体是细胞呼吸和能量代谢中心,嵴表面和基质中有多种与呼吸作用有关的酶和电子传递系统,嵴的数量变化常可作为判断线粒体的活性和细胞活力的标志。此外,线粒体中具有环状的双链 DNA 和核糖体,DNA 编码自身的蛋白质,称线粒体基因组,相对独立于核基因组,合成约占线粒体蛋白质 10% 左右的蛋白质。

(5)内质网(endoplasmic reticulum)

内质网这种细胞器是一些泡状、管状和片状的物体连接成的网状结构,它的包被是单个单层膜,有一些分枝与质膜相连,另有一些分枝与核膜相连。内质网可分为平滑型和粗糙型,前者的膜表面光滑,无核糖核蛋白颗粒附着;后者的膜表面附着有许多核糖核蛋白颗粒。一般认为内质网是细胞内蛋白质、类脂和多糖的合成与运输系统。

(6)高尔基体(golgi body)

高尔基体是由一系列扁圆形的囊泡(cistema)和小泡(vesicle)组成的结构。每个囊泡有单层膜包围,直径 $0.5\sim1\mu m$;囊泡边缘不断地形成小泡,小泡从高尔基体脱离后,游离到细胞的基质中。高等植物细胞中的高尔基体主要分布在核周围的细胞质中,是细胞分泌物最后的包装和加工场所。从内质网上断裂下来的小泡移至高尔基体,与高尔基体融合,其中的物质经囊泡加工后,从囊泡上断裂下来,这些分泌小泡再移至细胞膜,并与膜融合将所含物质排到质膜外,形成细胞分泌物。如树脂道的上皮细胞分泌的树脂,根冠细胞分泌的黏液等。此外,高尔基体还参与合成和运输多糖,如合成果胶、半纤维素和木质素等,参与细胞壁形成。初级溶酶体与分泌颗粒的形成也源自高尔基体的囊泡。

(7)溶酶体(lysosome)

溶酶体是一些单层膜包裹的小泡,直径约 $0.1\sim1\mu m$,呈颗粒状分散在细胞质中,其大小和数量差异较大;膜内充满多种水解酶,如蛋白酶、核糖核酸酶、磷酸酶、糖苷酶等。它们能催化蛋白质、多糖、脂质、DNA 和 RNA 等大分子物质分解,消化贮藏物质,分解细胞受损或失去功能的细胞碎片。通常溶酶体中是非活化酶,当溶酶体膜破裂或损伤时,酶释放并活化,降解细胞内各种化合物,结果整个细胞被破坏,此称细胞自溶。细胞内含物的破坏是许多植物细胞,特别是维管植物细胞分化成熟的一种特征。此外,液泡、糊粉粒等细胞器中也含有水解酶类。

(8)核糖核蛋白体(ribosome)

核糖核蛋白体简称核糖体或核蛋白体,是由核酸和蛋白质组成的圆形小颗粒,直径约 $100\sim200Å$,游离在细胞质中或者附在内质网上,也存在于细胞核、线粒体和叶绿体内。核糖体是蛋白质合成的中心,在合成蛋白质时,核糖体常常多个串联聚集在一起,形成多核糖体(polysome),这样合成效率比较高。

(9)微体(microbody)

微体是具有单层膜的球状、椭圆或哑铃状细胞器,直径约 $0.2\sim1.7\mu m$,内含无定形颗粒基质。主要有过氧化物酶体和乙醛酸循环体,二者是同一细胞器在不同发育阶段的表现形式。过氧化物酶体(peroxisome)含有黄素氧化酶-过氧化氢酶系统,与叶绿体和线粒体共同参与光呼吸过程,同时可分解细胞代谢产生有毒过氧化物。乙醛酸循环体(glyoxysome)含乙醛酸循环酶系统,在种子萌发时将贮藏的脂肪转化成糖。

1.2.3　后含物

后含物(ergastic substance)是指植物细胞中储藏物质和代谢产物,包括糖类、蛋白质、脂质(脂肪、油、角质、蜡质和木栓质等)、盐类的结晶和特殊有机物等,多以液态、结晶体或非晶固体状态存在于液泡或细胞质中。

1. 贮藏的营养物质

(1)淀粉(starch)

淀粉是植物贮藏碳水化合物最普遍的形式。植物光合作用的产物以蔗糖、棉子糖、水苏糖和糖醇等形式转运到贮藏组织后,在造粉体中合成淀粉,形成淀粉粒(starch grain)。淀粉积累时,先形成淀粉粒的核心称脐点(hilium),直链淀粉和支链淀粉常交替沉积,呈现明暗相间的环状纹理称层纹(annular striation lamellae)。淀粉粒有圆球形、卵圆形、长圆形或多角形等形状(图 1-9)。

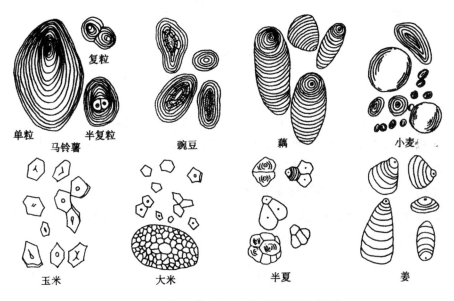

图 1-9　淀粉的类型和常见植物淀粉粒

淀粉粒常按脐点和层纹的关系分 3 种类型：①单粒淀粉（simple starch grain）：只有一个脐点；②复粒淀粉（compound starch grains）：具有 2 个以上脐点，且各脐点分别有各自的层纹围绕；③半复粒淀粉（half compound starch grains）：具有 2 个以上脐点，各脐点除有自身的层纹环绕外，外面还有共同的层纹。

淀粉不溶于水，在热水中膨胀而糊化。直链淀粉遇碘液显蓝色，支链淀粉遇碘液显紫红色。

（2）菊糖（inulin）

菊糖由果糖分子聚合而成。常分布于菊科、桔梗科等植物根或地下茎的薄壁细胞中。它溶于水，不溶于乙醇。将含菊糖的材料置 70％乙醇中浸泡 1 周后，在光学显微镜下可观察到其中的薄壁细胞里有球状、半球状或块状的菊糖结晶析出（图 1-10）。

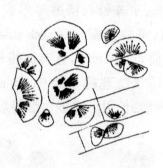

图 1-10　菊糖（桔梗）

（3）脂肪（fat）和油（oil）

脂肪和油是植物细胞中含能量最高而体积最小的物质，在细胞质或质体中呈固体或半固体者称脂肪，呈油滴状者称油。植物各种器官均有分布，尤以种子最丰富，如油菜籽、蓖麻子、芝麻；常食用、药用和工业用，如蓖麻油作泻下剂，月见草油治高脂血症。二者加苏丹Ⅲ试液显橘红色、红色或紫红色；加锇酸显黑色；加紫草试液显紫红色（图 1-11）。

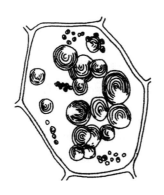

图 1-11　脂肪油（椰子胚乳细胞）

（4）蛋白质（protein）

这里讲的蛋白质是贮藏于细胞中作植物备用营养的蛋白质。它是非活性的，且理化性质较稳定，与构成原生质体的活性蛋白质不同。贮藏蛋白质的最常见的存在形式是糊粉粒（aleurone grain），它有一定的形态和结构，外面为一层单位膜，里面为无定形的蛋白质基质，或基质中还有蛋白质拟晶体、球状体，有时还有草酸钙结晶（图 1-12）。糊粉粒常和淀粉粒同时存在于 1 个细胞中。两者在光学显微镜下均呈无色不透明的颗粒，且均可能呈圆形，但糊粉粒一般比淀粉粒小，不具层纹，尤其是无脐点。糊粉粒遇碘-碘化钾的稀溶液显暗黄色，遇硫酸铜加苛性碱的水溶液显紫红色。

图 1-12　蛋白质所成糊粉粒

1. 含晶体的；2. 不含晶体的

2. 晶体

晶体是由原生质体在代谢过程中产生的废物沉积而成。有多种形式,但大多数是钙盐结晶形式,其中最常见的是草酸钙结晶。

　　草酸钙结晶是由草酸和钙化合而成的晶体。一般认为这种结晶的形成可以避免过量的草酸对细胞产生毒害作用。草酸钙结晶无色透明,有时因晶体较厚和结构较复杂而呈灰色、半透明状。它分布于细胞液中,形态多样。根据形态的不同,常将草酸钙结晶分为如图1-13所示的几种。

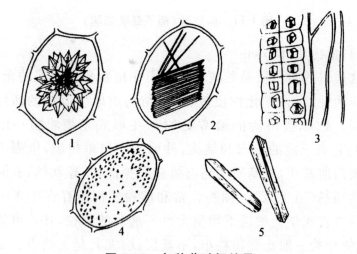

图 1-13　各种草酸钙结晶

1. 簇晶;2. 针晶;3. 单晶;4. 砂晶;5. 柱晶

3. 次生代谢产物

　　次生代谢产物(secondary metabolites)是由植物次生代谢(secondary metabolism)产生的一类细胞生命活动或植物生长发育正常运行的非必需的小分子有机化合物。次生代谢产物贮存在液泡或细胞壁中。在细胞质中还有酶(enzyme)、维生素(vitamin)、生长素(auxin)和抗生素(antibiotics)等物质,这些物质与植物的生长发育有着密切的关系,统称为生理活性物质。

1.2.4　细胞的新陈代谢

1. 生理活性物质

植物体内存在的一些对细胞分裂、生长发育和物质代谢等具有明显作用的物质，主要包括维生素、酶、植物激素和植物抗生素。

（1）维生素（vitamin）

维生素是一类复杂的有机物，常参与酶的形成，对植物的生长、呼吸以及物质代谢具有调节作用。已知的维生素有 20 余种，大致可分成脂溶性和水溶性两类。前者包括维生素 A、维生素 D、维生素 E、维生素 K 等，后者包括 B 族维生素和维生素 C。B 族维生素包括维生素 B_1、维生素 B_2、维生素 B_6、维生素 B_{12}、烟酸、叶酸、泛酸等。分布于植物体各部分，以果实、叶、根中含量较多。目前人们提纯或人工合成了多种维生素，供医药、农业等使用。

（2）酶（enzyme）

酶是一种高效有机催化剂，种类很多，有的具有可逆性，能促使物质的分解，也能促使物质的合成。酶的作用具有高度专一性和选择性，如蛋白质只在蛋白酶的作用下转化成氨基酸；淀粉酶只作用于淀粉，使淀粉变为麦芽糖，而不作用于其他物质；脂肪只在脂肪酶的作用下变成脂肪酸和甘油。酶一般在常温、常压、近中性水溶液中起作用，而高温、强酸、强碱和某些重金属会使其失去活性。

（3）植物抗生素（plant antibiotic）

高等植物能产生各种结构类型的植物抗生素，按产生途径分成植物抗毒素（phytoalexins）和植物抗菌素（phytoanticipins）。前者是植物防御机制的基础，是主动应激反应中合成的一类小分子化合物；后者是植物体内本身存在的一些多酚类产物，属被动应激反应。

2. 生命活动中的能量

新陈代谢是生命活动的特征之一,是生物有机体内全部物质和能量变化的总称。生活细胞不断与环境进行着物质、能量和信息的交换。新陈代谢使细胞和生命体能维持高度复杂而有序的结构。细胞能够保证生命活动的正常进行,是因其具有独特的机制使细胞通过放能反应释放的能量为自身需能反应所利用,在此过程中,三磷酸腺苷(ATP)起到至关重要的作用。ATP 是组织、细胞进行一切生命活动所需能量的直接来源,储存和传递化学能;蛋白质、脂肪、糖和核苷酸合成都需要它的参与;ATP 可促进机体细胞修复和再生,增强细胞代谢活性。

3. 细胞呼吸

细胞必须将体内的有机物氧化,释放出其中的能量,供生命活动所需。细胞氧化分解有机物(糖、脂类和蛋白质)以获得能量并产生 CO_2 和水的过程,称细胞呼吸(cell respiration)。细胞呼吸是一个复杂的、多种酶参与和多步骤的过程,可分为糖酵解、柠檬酸循环和电子传递与氧化磷酸化过程。其中糖酵解过程在细胞质中发生,1 分子的葡萄糖转化成 2 分子的丙酮酸。丙酮酸氧化脱羧和柠檬酸循环发生在线粒体基质中,而电子传递与氧化磷酸化发生在线粒体内膜中。细胞中的脂质和蛋白质也可分解转变成糖类或有机酸类,参与到糖酵解和柠檬酸循环。碳水化合物首先分解产生单糖,再进一步氧化分解。有氧条件下,1 个分子葡萄糖经过糖酵解、三羧酸循环、电子传递和氧化磷酸化,彻底氧化分解,产生 CO_2 和 H_2O,释放出 36 个 ATP。无氧条件下,糖酵解产生丙酮酸,丙酮酸在不同酶催化作用下,分别经乳酸发酵和酒精发酵产生乳酸和乙醇,获得少量能量。

4. 细胞与外界环境的物质交换

植物体和生活细胞都是开放系统,即不断与外界环境进行着物质、能量和信息交换的系统。从外环境吸收水分、摄取营养,并向细胞外排出废物,保持胞内环境稳定。水分出入细胞取决于细胞的水势(即渗透势),未形成液泡之前主要靠吸涨作用,液泡形成后主要靠渗透作用。细胞除了吸收水分外,还需从环境中吸收养料,不仅无机离子能进入细胞,小分子有机物也能进入细胞。植物细胞与外界环境的一切物质交换,都必须通过各种生物膜,特别是质膜,这就是跨膜运输。由膜上存在的泵、载体、离子通道和水通道进行。

1.3　药用植物细胞的分裂

　　植物生长和繁衍是通过细胞数量的增加、体积的增大以及功能的分化来实现的。细胞的繁殖是以细胞分裂的方式进行。

　　植物细胞的分裂主要有两个方面的作用:一是增加体细胞的数量,保证植物体的生长、分化和发育;二是形成生殖细胞,以繁衍后代。单细胞植物生长到一定阶段,细胞分裂为两个,实现繁殖。种子植物从受精卵发育成胚,由胚形成幼苗,再由幼苗生长成为具有根、茎、叶并能开花结果的成熟植物体的过程,都必须以细胞分裂为前提。

　　植物细胞的分裂通常有 3 种方式:无丝分裂、有丝分裂、减数分裂。

1. 无丝分裂(amitosis)

　　无丝分裂又称直接分裂,分裂时细胞核中不出现染色体和纺锤体等一系列复杂的形态变化。无丝分裂有横缢、芽生、碎裂、劈裂等多种方式,以横缢式常见。横缢式分裂时细胞核延长并缢裂呈两个核,在子核间又产生出新的细胞壁,将母细胞的细胞核和细胞质分成两个部分。无丝分裂速度快,消耗能量小,但不能保证母细胞的遗传物质平均地分配到两个子细胞中,从而影响了遗传的稳定性。无丝分裂常见于原核生物,高等植物的某些器官中也可见,如愈伤组织、薄壁组织、生长点、胚乳、花药的绒毡层细胞、表皮、不定芽、不定根、叶柄等处。

2. 有丝分裂

细胞增殖是生命活动的基本特征,生物个体的生长是通过细胞的多次分裂完成的。细胞在分裂之前,必须进行必要的物质准备才能开始分裂。从一次细胞分裂结束开始至下次分裂结束为止的整个过程,称为细胞周期(cell cycle)。根据细胞形态的变化,可将细胞周期划分为细胞有丝分裂期(mitosis)和分裂间期(interphase)两个相互延续的时期。后者是细胞增殖的物质准备阶段,而前者则是实施的过程。

分裂间期又可分为 G1 期、S 期和 G2 期 3 个时期。G1 期(gap1)是细胞分裂前的第一个间隙,从分裂结束到 DNA 复制前,主要为 DNA 合成做准备;S 期(synthesis phase)是 DNA 复制期,复制后 DNA 含量加倍;G2 期(gap2)为分裂前的第二个间隙,是复制完成至分裂前的一段时间,主要是为细胞分裂做准备。

高等植物的细胞分裂主要是以有丝分裂方式进行。有丝分裂又称间接分裂。在分裂过程中,细胞核出现染色体和纺锤体,染色体上经过复制的遗传物质,随染色体的分裂而平均分配到两个子细胞中,每个子细胞中的染色体数目和类型与母细胞的相同。这保证了植物体内细胞间遗传的稳定性。

有丝分裂是一个连续的过程,但为叙述方便将其分为两个阶段:第一个阶段是核分裂(karyokinesis),其间细胞核分成两个子细胞核;第二个阶段是细胞质分裂(cytokinesis),其间在两个子细胞核之间形成新细胞壁,将母细胞质分隔成两半而产生两个细胞。核分裂阶段又分为分裂间期、前期、中期、后期和末期等五个时期(图 1-14)。

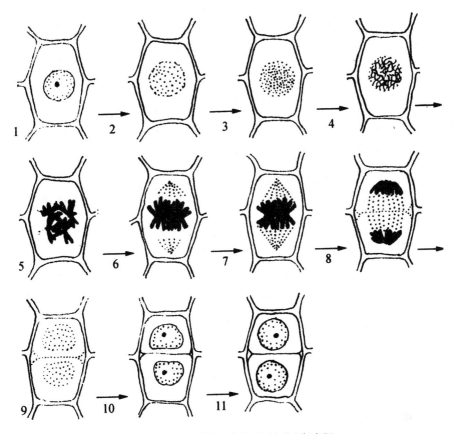

图 1-14　植物细胞的有丝分裂过程

1. 间期;2～5. 前期;6～7. 中期;8. 后期;9～11. 末期

（1）分裂间期（interphase）

分裂间期是核分裂阶段中核分裂真正开始前的准备时期。此时期的细胞质浓厚,细胞核大,呈圆球形,具明显的核膜和核仁,染色质分散于核液中,细胞的代谢活动旺盛,进行着大量的生物合成。由于此时期的不同时间段合成的物质有所不同,一般又将此时期分为 3 个时段:①复制前期（G1 期）,此时段从上一次细胞分裂结束后算起,其间主要进行 RNA、蛋白质和酶的合成;②复制期（S 期）,此时段从细胞核开始进行 DNA 的复制和组蛋白的合成时算起;③复制后期（G2 期）,此时段从细胞核开始进行其他物质的合成算起,直到细胞核开始分裂时为止。

（2）前期（prophase）

前期是指从核分裂真正开始时算起，到含两股染色单体的染色体形成时为止。核分裂真正开始时的标志是，核内出现纵向螺旋的细丝状染色体。在此之后，这种染色体通过折叠和再螺旋活动，形成由两股染色单体组成的染色体，这种染色体中的两股染色单体（chromatid）之间以着丝点（centromere）相连。形成这种染色体的同时，核仁消失，核膜破裂。

（3）中期（metaphase）

在这一时期中，出现许多细丝将染色体牵引着向细胞的赤道面移动，直到染色体排列于赤道面上。这些细丝的总和称为纺锤体。每根细丝称纺锤丝。纺锤丝有两种：一种是直接与细胞两极相连的纺锤丝，称之为连续丝；另一种是一端与细胞的一极相连，另一端与染色体的着丝点相连的纺锤丝，称为牵引丝。

（4）后期（anaphase）

在这一时期，每个染色体中的两股染色单体从着丝点分裂开，形成两个子染色体（daughter chromosome），每两个子染色体再随牵引丝的牵引分别移向细胞的两极。

（5）末期（telophase）

在这一时期里，先是子染色体分别到达了细胞的两极，然后是染色体变长变细，恢复成原来的染色质状态，同时核仁、核膜逐渐重现，分别包围两极的染色质而形成两个子细胞核。

细胞质分裂是在核分裂后期结束时开始。在其分裂过程中，先是近赤道面的纺锤丝密集形成桶状的成膜体（phragmoplast），然后是成膜体通过其上生有的粗点状小体，相互融合成细胞板（cell plate），最后是细胞板逐渐向四周扩展，直至与原来的细胞壁相连。这时的细胞板成为新的细胞壁，它将两个子细胞核和周围的细胞质分隔成两个子细胞。

3. 减数分裂（meiosis）

减数分裂仅发生在生殖细胞中，与植物的有性生殖密切相关。分裂的结果,使每个子细胞的染色体数只有母细胞的一半,成为单倍体(n),因此称其为减数分裂。在分裂的过程中,细胞核也要经历染色体的复制、运动和分裂等复杂的变化。

种子植物的精子和卵细胞经过减数分裂以后只含有一组染色体(n),为单倍体(haploid),通过受精,精子和卵细胞结合又恢复成为二倍体(diploid)(2n),使子代的染色体仍然保持与亲代同数,并且在子代的体细胞中包括了双亲的遗传物质。植物在通常情况下体细胞为二倍体。农业上常利用减数分裂的特性,进行农作物品种间的杂交来培育新品种。此外,通过自然或人工条件,如紫外线照射、创伤、高温、低温或化学药物(如秋水仙碱、生长剂、三氯甲烷等)处理等可以产生多倍体(polyploid),如三倍体香蕉、三倍体毛曼陀罗、四倍体菘蓝等。多倍体单株产量常较高,品质较好。

1.4　药用植物的组织类型

1.4.1　分生组织

分生组织(meristem)是植物体中未分化的,具有持续分裂能力的细胞群。分生组织存在于植物的活跃生长部位,通常能持续进行分裂,每次分裂产生的两个子细胞中,其中之一仍保持分生组织状态,通过这种方式维持自身的数量与更新,另一个子细胞会发生分化,逐渐成为其他成熟组织参与植物体的生长,如根、茎的顶端生长和侧生生长。

分生组织细胞一般体积较小,排列紧密,无细胞间隙,细胞壁薄,细胞核大,细胞质浓,无明显的液泡。

1. 按来源和功能分类

按来源和功能分类,分生组织可分为原分生组织、初生分生组织和次生分生组织三种。

（1）原分生组织（promeristem）

原分生组织来源于植物种子的胚，是由胚遗留下的终身保持分裂能力的胚性细胞组成。细胞小，近等径，细胞质浓，细胞核大，无明显液泡，具有持续的分裂能力；位于植物根尖和茎尖的先端，使根、茎、枝伸长和长高，也是形成其他组织的最初来源。

（2）初生分生组织（primary meristem）

初生分生组织是指由原分生组织细胞分裂衍生而来的细胞组成，紧跟原分生组织之后，是一种边分裂、边分化的分生组织，也是原分生组织向成熟组织的过渡类型。如根尖的原表皮层（protoderm）、基本分生组织（ground meristem）和原形成层（procambium）均属初生分生组织。初生分生组织活动的结果是形成植物根和茎的初生构造。

（3）次生分生组织（secondary meristem）

次生分生组织由某些成熟组织的细胞（如皮层、中柱鞘、髓射线）重新恢复分生能力而形成。常与轴向平行排列成环状，与裸子植物和双子叶植物根、茎的增粗，以及次生保护组织的形成有关。次生分生组织活动的结果产生根和茎的次生构造，使其不断加粗。

2. 按所处的位置分类

按所处的位置分类，分生组织可分为顶端分生组织、侧生分生组织和居间分生组织。

（1）顶端分生组织（apical meristem）

顶端分生组织存在于根尖和茎及其分枝的顶端部位。细胞排列紧密，能比较长期地保持旺盛的分裂功能。顶端分生组织分生的结果，使根或茎不断伸长，并在茎上形成侧枝和叶，在根上形成侧根，扩大其营养面积和吸收面积。茎尖的分生组织最后会形成生殖器官。若根、茎的顶端被折断后，根、茎就不再伸长和长高（图 1-15）。

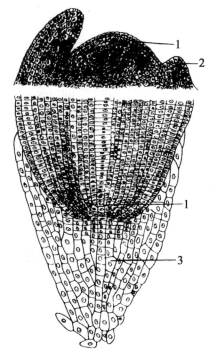

图 1-15　菜豆根尖、茎尖的分生组织

1. 顶端分生组织；2. 叶原基；3. 根冠

（2）侧生分生组织（lateral meristem）

侧生分生组织是部分植物根或茎等器官中靠近表面并与器官长轴平行呈桶状分布的分生组织，属次生分生组织，包括维管形成层（cambium）和木栓形成层（cork cambium）。细胞多呈长纺锤形，液泡较发达，细胞与器官长轴平行，细胞分裂方向与器官长轴方向垂直，其活动使根或茎不断增粗。主要存在于裸子植物和双子叶植物的根或茎中。

（3）居间分生组织（intercalary meristem）

居间分生组织是指由顶端分生组织衍生而遗留在某些器官的局部区域中的初生分生组织，仅保持一定时间的分生能力，以后则完全转化为成熟组织。位于茎的节间基部或叶子基部，典型的居间分生组织存在于水稻、玉米和小麦等单子叶植物节间下方,所以当顶端分化成幼穗后,仍能借助于居间分生的活动进行拔节和抽穗,使茎急剧长高。葱、蒜和韭菜的叶子割去上部后还能继续生长,也是因为叶基部的居间分生组织活动的结果。

居间分生组织的活动与植物的居间生长(即非顶端生长)有关,如水稻、小麦等禾本科植物茎的每个节间的基部都具有这种组织,其拔节、抽穗就是这种组织活动的结果;其茎秆倒伏后,能逐渐恢复向上生长,也与居间分生组织的活动有关。花生的"入土结实"现象就是花生的子房柄中居间分生组织的分裂活动使子房柄伸长、子房被推入土中的结果。葱、韭菜的叶基具居间分生组织,故其叶的上部被割去后还能继续生长。竹笋的每个节间基部亦具居间分生组织,因而在一夜之间能够伸长许多。

1.4.2 基本组织

基本组织(ground tissue)在植物体中占很大体积,分布于植物体的许多部位,是组成植物体的基础。它在植物体中起着填充、贮藏、同化、吸收、通气、输导等作用。由于其细胞的壁比其他成熟组织细胞的壁薄些,因此又称为薄壁组织(parenchyma)。其特点是:细胞的壁薄,一般由纤维素、半纤维素和果胶构成;为生活细胞,细胞质较少,液泡较大,细胞之间多有胞间隙;细胞的形状为圆球形、圆柱形、多面体等。该组织的分化程度较浅,有潜在的分生能力,可脱分化而变为分生组织或进一步分化为其他成熟组织,如石细胞。

依其结构、功能的不同又可将其分为下列类型(图 1-16)。

(1)基本薄壁组织(ordinant parenchyma)

基本薄壁组织指植物体内主要起填充和联系其他组织作用的薄壁组织,也称填充薄壁组织。横切面观细胞呈圆球或多角状,近等径,一定条件下可转化为次生分生组织。如根、茎的皮层和髓部的薄壁组织。

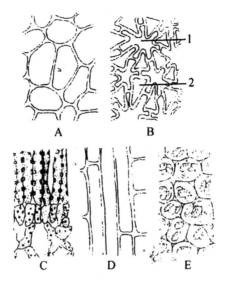

图 1-16 基本组织

A. 一般薄壁组织；B. 通气薄壁组织

C. 同化薄壁组织；D. 输导薄壁组织；E. 贮藏薄壁组织

1. 星状细胞；2. 细胞间隙

（2）通气薄壁组织（aerenchyma）

通气薄壁组织多存在于水生和沼泽生植物体内。其特点是细胞间隙特别大，在体内形成互相贯通的通道或腔隙，其内贮存空气。如莲的叶柄和灯心草茎的髓部中的通气薄壁组织。

（3）同化薄壁组织（assimilation parenchyma）

同化薄壁组织指能进行光合作用的薄壁组织，常见于植株绿色部分，又称绿色薄壁组织。细胞含大量的叶绿体，液泡化程度较高，细胞间隙发达。如幼茎皮层、发育中的果皮，尤以叶肉的薄壁组织最典型。

（4）吸收薄壁组织（absorbtive parenchyma）

吸收薄壁组织指位于根尖根毛区的表皮细胞和由外壁向外延伸形成的管状结构——根毛（root hair），主要起吸收水分和溶解在水中物质的作用；根毛的存在增加了与土壤的接触面积从而增大了吸收面积。

(5)输导薄壁组织(conducting parenchyma)

输导薄壁组织多存在于植物器官的维管束之中或之间。其细胞稍长,有输导水分和养料的作用,如维管射线和髓射线。

(6)贮藏薄壁组织(storage parenchyma)

贮藏薄壁组织多分布于植物体的各类贮藏器官中,如块根、块茎、球茎、鳞茎、果实和种子内。细胞较大,其中含有大量的营养物质,如淀粉粒、糊粉粒、脂肪、油、糖类等。

1.4.3　保护组织

保护组织(protective tissue)指包被在植物各器官表面,由一层或数层细胞组成,担负保护作用的组织。其能防止过度蒸腾,控制气体交换,抵御病虫侵害和机械损伤。按其来源和结构可分为初生保护组织——表皮和次生保护组织——周皮。

1. 表皮(epidermis)

表皮由原表皮分化而来,常为一层生活细胞,位于幼茎、叶、花和果实表面,由表皮细胞、气孔器、表皮毛和腺毛等组成,其主体是表皮细胞。也有少数植物某些器官的表皮由2～3层生活细胞组成,称复表皮,如夹竹桃、印度橡胶树的叶。

(1)表皮细胞(epidermal cell)

表皮细胞是生活细胞,常呈扁平而不规则,镶嵌排列紧密,无胞间隙,液泡发达,不含叶绿体,但常有有色体或白色体。横切面观,表皮细胞多呈长方形或方形,内壁较薄,外壁较厚,角质化并在表面形成角质层,角质层表面光滑或形成乳突、皱褶等纹饰(图1-17)。有些植物(如冬瓜、葡萄等)在角质层外还有一层蜡被,使表面不易浸湿,利于防止真菌孢子萌发。植物体的表层结构状况是抗病品种选育、农药和除草剂使用时须考虑的因素,也是带叶药材鉴定的参照特征。

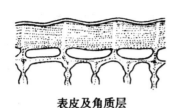
表皮及角质层

表皮上的杆状蜡被

图 1-17　角质层与蜡被

（2）气孔（stoma）

气孔是表皮上一些呈星散或成行分布的小孔，它们是气体出入植物体的门户。气孔是表皮中一对特化的保卫细胞（guard cell）以及它们之间的空隙、孔下室与副卫细胞（subsidiary cell）共同组成（图 1-18）。保卫细胞的细胞壁在靠近气孔的部分比较厚，而与表皮细胞或副卫细胞相连的部分比较薄。副卫细胞是与保卫细胞邻接的表皮细胞，与普通的表皮细胞在形态上有所不同。因此，当保卫细胞失水萎缩时，气孔就闭合；当保卫细胞充水膨胀时，气孔就张开。气孔主要分布在叶片和幼嫩茎表面，它有控制气体交换和调节水分蒸发的作用。

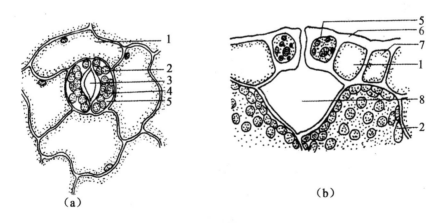

（a）　　　　　　　　　　　　（b）

图 1-18　叶的表皮与气孔器

（a）表面观；（b）切面观

1. 副卫细胞；2. 叶绿体；3. 气孔室；4. 细胞核；

5. 保卫细胞；6. 角质层；7. 表皮细胞；8. 孔下室

保卫细胞与其周围的表皮细胞——副卫细胞排列的方式称为气孔的轴式类型。其类型随植物种类的不同而有所不同。因此,这些类型可用于叶类、全草类生药的鉴定。双子叶植物叶中常见的气孔轴式类型有平轴式、直轴式、不等式、不定式、环式等多种(图 1-19)。

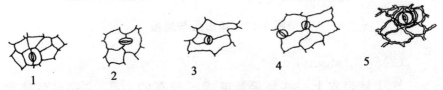

图 1-19　气孔的类型

1. 平轴式气孔;2. 直轴式气孔;3. 不等式气孔;4. 不定式气孔;5. 环式气孔

单子叶植物气孔的轴式类型也很多,如禾本科和莎草科植物的保卫细胞呈哑铃形,两端球形部分的细胞壁较薄,中间狭窄部分的细胞壁较厚,当保卫细胞充水两端膨胀时,气孔缝隙就张开。保卫细胞的两侧还有两个平行排列而略作三角形的副卫细胞,对气孔的开闭有辅助作用,因此,有的称为辅助细胞,如淡竹叶、玉米叶等(图 1-20)。

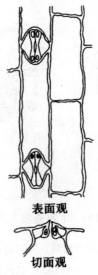

表面观

切面观

图 1-20　玉米叶的表皮和气孔器

（3）毛状体（trichome）

表皮上普遍存在表皮毛（epidermal hair）或腺毛（glandular hair）等附属物。它们是由表皮细胞特化而形成的突起物，具有保护、减少水分蒸发、分泌物质等作用，是植物抗旱的形态结构。常分为腺毛和非腺毛两种类型。

1）腺毛（glandular hair）

腺毛是一类具有分泌作用的表皮毛，常分泌挥发油、黏液、树脂等物质，一般由腺头与腺柄两部分组成。腺头常呈圆形，由 1 至多个细胞组成，具有分泌功能，对植物具有保护作用。腺柄也常有 1 至多个细胞组成，如薄荷、车前、洋地黄、曼陀罗等叶上的腺毛。另外，在薄荷等唇形科植物的叶上，还有一种短柄或无柄的腺毛，腺头由 8 个或 4～6 个分泌细胞组成，略呈扁球形分布于表皮上，特称为腺鳞（glandular scale）（图 1-21）。少数植物薄壁组织内部的细胞间隙存在腺毛，称间隙腺毛，如广藿香茎、叶和绵马贯众叶柄及根茎中。

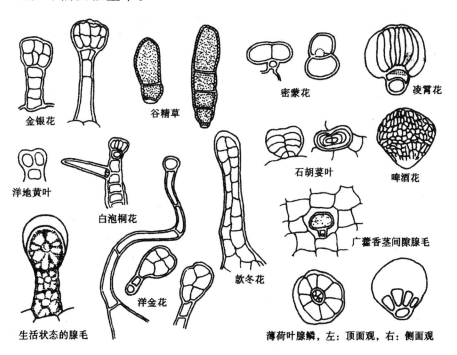

金银花　　谷精草　　密蒙花　　凌霄花

洋地黄叶　　石胡荽叶　　啤酒花

白泡桐花　　广藿香茎间隙腺毛

洋金花　　款冬花

生活状态的腺毛　　薄荷叶腺鳞，左：顶面观，右：侧面观

图 1-21　腺毛和腺鳞

2）非腺毛（non-glandular hair）

非腺毛是无分泌功能的毛状体，由 1 至多个细胞组成，末端常尖狭，起保护作用。非腺毛形态多种多样，药材鉴定中常见类型如图 1-22 所示。

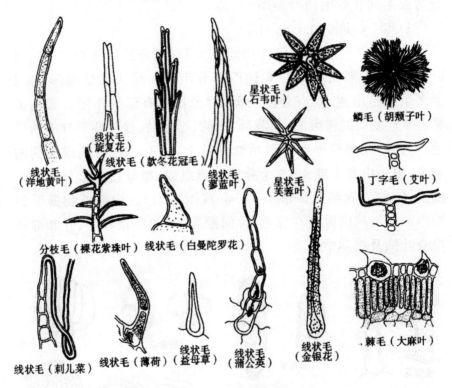

图 1-22　各种非腺毛

2. 周皮（periderm）

周皮是次生保护组织，是由木栓层、木栓形成层和栓内层组成的复合组织，由木栓形成层的分裂活动形成。木栓层由 2 层以上的木栓细胞组成。这种细胞相互排列紧密无细胞间隙。由于这一点和前面所说的细胞壁全面木栓化，木栓层对其内方的其他组织就能起良好的保护作用（图 1-23）。

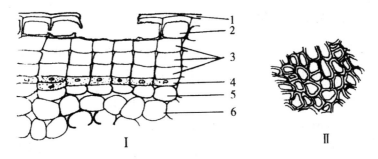

图 1-23　周皮与木栓（附残存的表皮）

Ⅰ.周皮（横切面观）；Ⅱ.肉桂树皮粉末中的木栓组织（表面观）

1.残存表皮的角质层；2.残存的表皮；

3.木栓层；4.木栓形成层；5.栓内层；6.皮层

木栓层并不是铁板一块，而是还有一些皮孔（lenticel）分布其间。皮孔是木栓层中分布的利于植物体呼吸的结构（图 1-24）。

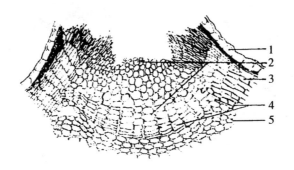

图 1-24　皮孔的横切面观

1.表皮层；2.皮孔的细胞；3.木栓层；

4.木栓形成层；5.栓内层

1.4.4　机械组织

机械组织（mechanical tissue）是对植物体起着支持和巩固作用的组织，细胞通常为细长形、类圆形或多角形，主要特征是细胞壁明显增厚。根据细胞的形态和细胞壁增厚的部位、程度不同，机械组织可分为厚角组织和厚壁组织两类。

1. 厚角组织(collenchyma)

厚角组织的细胞是生活细胞,常含有叶绿体,可进行光合作用。在横切面上,细胞常呈多角形,细胞结构特点是细胞壁不均匀的增厚,一般在角隅处加厚,故称为厚角组织。

根据厚角组织细胞壁加厚方式的不同,常可分为三种类型:①角隅厚角组织,是最常见的类型;②板状厚角组织,又称片状厚角组织,细胞壁增厚部分主要在内、外切向壁上;③腔隙厚角组织,壁的增厚发生在发达的细胞间隙处,面对间隙部分细胞壁增厚(图 1-25)。

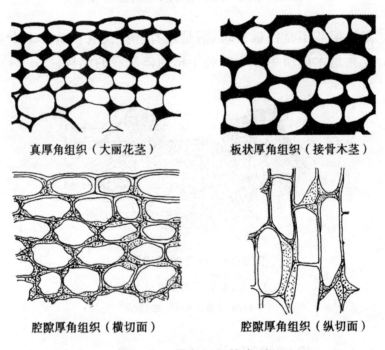

真厚角组织（大丽花茎）　　　　板状厚角组织（接骨木茎）

腔隙厚角组织（横切面）　　　　腔隙厚角组织（纵切面）

图 1-25　厚角组织的类型

2. 厚壁组织(sclerenchyma)

厚壁组织支持能力较厚角组织强,是植物主要的支持组织。厚壁组织的细胞壁全面次生增厚,常木化,壁上具层纹和纹孔,胞腔小,成熟后成为死细胞。厚壁组织细胞可单个或成群分散在其他组织之间,按细胞形态不同,可分为纤维和石细胞。

（1）纤维（fiber）

纤维是两端尖斜的长梭形细胞,次生壁明显,加厚的成分主要为纤维素或木质素,壁上有少数纹孔,细胞腔小。纤维单个或彼此嵌插成束分布于植物体中（图 1-26）。按其在植物体中分布和壁特化程度不同,纤维可分为木纤维和木质部外纤维,木质部外纤维又常称韧皮纤维。

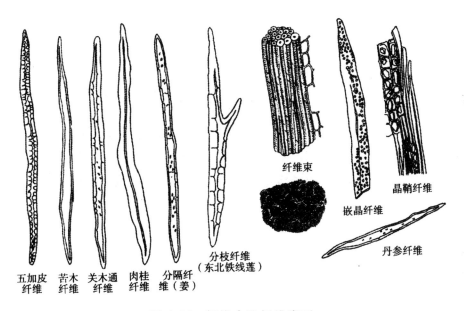

五加皮纤维　　苦木纤维　　关木通纤维　　肉桂纤维　　分隔纤维（姜）　　分枝纤维（东北铁线莲）　　纤维束　　嵌晶纤维　　晶鞘纤维　　丹参纤维

图 1-26　纤维束及纤维类型

（2）石细胞（stone cell）

石细胞多为等径或略伸长,呈类圆形、椭圆形、长方形、多角形、分枝形、柱状、星状等。其细胞壁木质化并显著增厚,壁上的纹孔多延伸成沟状（指侧面观）,还往往汇合成分枝的状态（图 1-27）。石细胞一般是由薄壁细胞通过细胞壁强烈增厚和木质化这种分化方式而成的,少数是由分生组织产生的新细胞直接分化而成。石细胞成群或单个的分布于植物的根、茎、叶、果实和种子中,如黄柏的茎、党参的根、桃、梨的果实中和杏的种皮上。

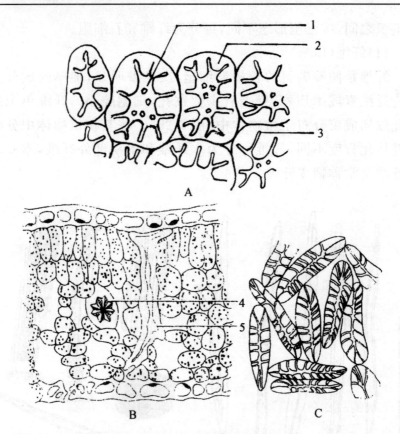

图 1-27　几种不同形状的石细胞
A. 梨的石细胞;B. 茶叶横切面;C. 椰子果皮内的石细胞
1. 纹孔的正面观;2. 细胞腔;3. 纹孔的侧面观;
4. 草酸钙簇晶;5. 分枝状石细胞

　　纤维和石细胞均为鉴别中药材的重要依据,现将单个的纤维细胞和单个的石细胞在形态和结构上的主要区别列于表 1-1 中。

表 1-1　纤维细胞与石细胞的主要区别

细胞名称	横切面	纵切面或整体观
纤维细胞	常呈圆形或多角形,胞腔较小,纹孔少见,呈短缝状	呈长梭形,胞腔狭长,纹孔常呈斜裂隙状
石细胞	常呈卵形或不规则长方形,胞腔较大,纹孔多见,沟状,常有分枝	形状与横切面观相似,纹孔和胞腔的情形也与横切面相似

1.4.5　输导组织

输导组织是植物体内输送水分和养料的组织。细胞一般呈管状，上下连接，贯穿于整个植物体内。根据输导组织的内部构造和运输物质的不同，输导组织可分为两类：一类是木质部中的导管和管胞，主要是由下而上输送水分和无机盐；另一类是韧皮部中的筛管、伴胞和筛胞，主要是由上而下输送有机物质。

1. 导管和管胞

导管和管胞存在于植物体的木质部中，具有较厚的次生壁，形成各式各样的纹理，常木质化，成熟后的细胞其原生质体解体，成为只有细胞壁的死细胞。

（1）导管（vessel）

导管普遍存在于被子植物的木质部，它们是由一系列长管状或筒状的死细胞，以末端的穿孔相连而成的一条长管道。每 1 个细胞称导管分子（vessel element），导管发育过程中伴随着细胞壁的次生增厚和原生质体的解体，导管分子两端的初生壁溶解，形成不同程度的穿孔，具有穿孔的端壁称穿孔板（perforation plate）。因穿孔的形态和数目不同，形成了不同类型的穿孔板。有的端壁溶解成一个大穿孔称单穿孔板，椴树和一些双子叶植物的导管端壁上留有几条平行排列的长形穿孔称梯状穿孔板，麻黄属植物导管端壁具有许多圆形的穿孔称麻黄式穿孔板，而紫葳科部分植物导管端壁上形成了网状穿孔板等（图 1-28）。导管外形宽扁，端壁和侧壁近垂直的导管较末端尖锐的导管进化，单穿孔板较复穿孔板的导管进化。但在少数原始的和一些寄生的被子植物则无导管，如金粟兰科草珊瑚属植物；而少数进化的裸子植物如麻黄科植物，以及蕨类中较进化的真蕨类植物有导管。

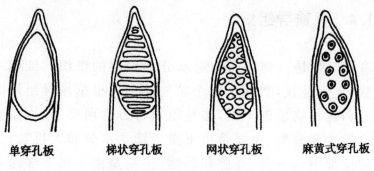

| 单穿孔板 | 梯状穿孔板 | 网状穿孔板 | 麻黄式穿孔板 |

图 1-28　导管分子穿孔板的类型

　　导管侧壁的次生增厚是不均匀增厚,在侧壁上留下许多不同类型的纹孔,相邻的导管又可经侧壁上的纹孔输导物质。根据导管发育先后及其侧壁次生增厚和木化方式不同,可将导管分为 5 种类型(图 1-29,图 1-30)。

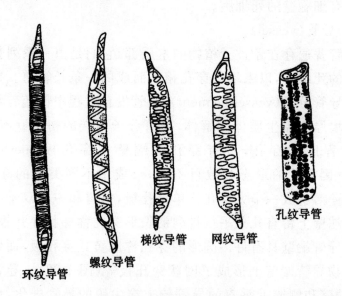

| 环纹导管 | 螺纹导管 | 梯纹导管 | 网纹导管 | 孔纹导管 |

图 1-29　导管分子的类型

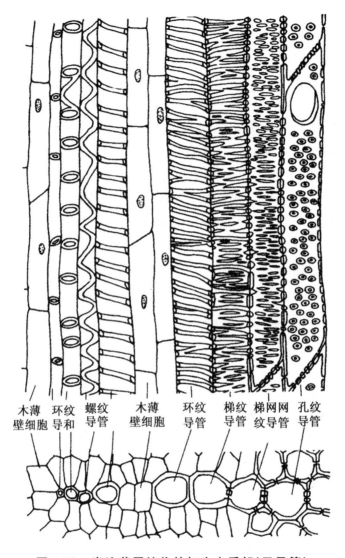

图 1-30　半边莲属植物的初生木质部(示导管)

　　植物体内的水分运输不是由一条导管从根直到顶端,而是分段经过许多条导管曲折连贯地向上运输。水流可顺利通过导管腔及穿孔板上升,也可通过侧壁上的纹孔横向运输。导管的输导能力不是永久保持,其有效期因植物种类而异,多年生植物有的可达数年或数十年。当新导管形成后,早期形成的导管邻接薄壁细胞膨胀,通过导管壁上未增厚部分或纹孔,连同其内含物侵入导管腔内形成大小不同的囊状突出物,称侵填体(tylosis)。侵填体含有单宁、树脂、晶体和色素等物质,能起抵御病菌侵害的作用,其中也有植物药的活性物质,也使导管相继失去输导能力。

(2)管胞(tracheid)

管胞是一种狭长管状、运输水和无机盐的死细胞,是绝大部分蕨类植物和裸子植物唯一的输水组织,同时具有一定的支持作用。管胞和导管同时存在大多数被子植物的木质部,特别是叶柄和叶脉中,但不起主要输导作用。

管胞是一个长管状细胞,两端斜尖,但不形成穿孔板,相邻管胞通过侧壁上的纹孔输导水分,所以输导能力较导管低,是较原始的输导组织。在其发育过程中细胞壁形成厚的木化次生壁,成熟时原生质体解体,其增厚的木化次生壁也形成类似导管的环纹、螺纹、梯纹、孔纹等类型。因此导管、管胞在药材粉末鉴定中有时难分辨,须采用解离的方法将细胞分开,观察管胞分子的形态(图 1-31)。

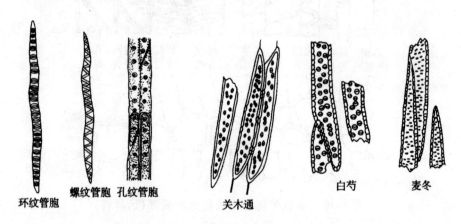

环纹管胞　螺纹管胞　孔纹管胞　　关木通　　　　白芍　　麦冬

图 1-31　管胞类型和药材粉末中的管胞碎片

2. 筛管、伴胞和筛胞

(1)筛管(sieve tube)

筛管是由多个长管状活细胞纵向连接而成的运输有机物的结构。每一个细胞称筛管分子(sieve tube element),如烟草韧皮部分子(图 1-32)。主要存在被子植物的韧皮部中,是运输光合作用产生的有机物质的管状结构。

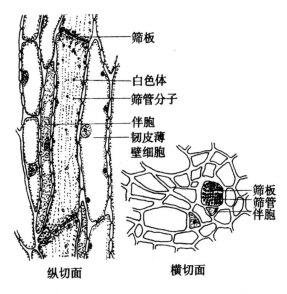

图 1-32　烟草韧皮部(示筛管及伴胞)

　　筛管仅具有由纤维素和果胶组成的初生壁,端壁上形成的许多小孔称筛孔(sieve pore),具有筛孔的区域称筛域(sieve area)。分布有一个或多个筛域的端壁称筛板(sieve plate),仅有一个筛域的筛板称单筛板,如南瓜的筛管;具有多个筛域的筛板称复筛板,如葡萄的筛管。通过筛孔的原生质丝较胞间连丝粗大称联络索(connecting strand)。联络索使筛管分子间彼此相连贯通,有些植物筛管侧壁上还可见筛孔,侧壁上的筛孔使相邻筛管彼此联系,从而实现植物体内有机物的有效输导。

　　筛管分子发育过程,早期有细胞核,细胞质浓厚,随后细胞核逐渐溶解而消失,细胞质减少,发育成熟后成无核的生活细胞如南瓜属筛管分子(图 1-33)。也有人认为筛管分子成熟后变成多核结构,因核小而分散,不易观察。

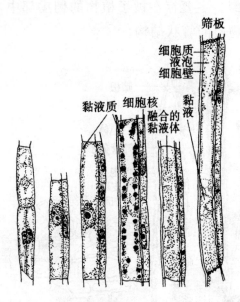

图 1-33　南瓜属筛管分子形成的各个阶段

（2）伴胞（companion cell）

伴胞是位于筛管分子旁侧的一种小型、狭长的活细胞，细胞壁薄，细胞质浓，细胞核大，液泡小（图 1-32）。

（3）筛胞（sieve cell）

筛胞是单个分子的狭长活细胞，直径较小，端壁倾斜，没有特化成筛板，只是在侧壁或有时在端壁上具不明显的筛域。筛胞靠侧壁上筛域的筛孔运输，所以输导能力没有筛管强，属较原始的输导组织，是蕨类植物和裸子植物运输有机养料的分子。

1.4.6　分泌组织

植物体上有些细胞具有分泌挥发油、树脂、蜜汁、黏液、乳汁等物质的功能，由这种细胞所组成的组织称为分泌组织（secretory tissue）。根据分泌组织分布于植物的体表或体内，分泌物排出体外或留在体内，可将分泌组织分为外分泌组织和内分泌组织两大类（图 1-34）。

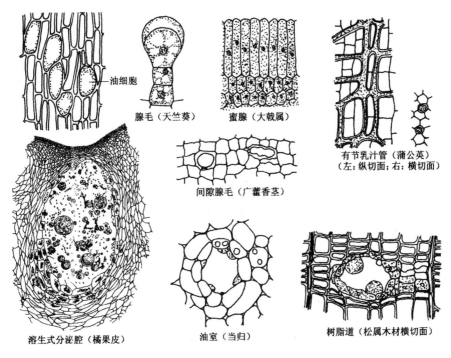

油细胞

腺毛（天竺葵）　　蜜腺（大戟属）

有节乳汁管（蒲公英）
（左：纵切面；右：横切面）

间隙腺毛（广藿香茎）

溶生式分泌腔（橘果皮）　　油室（当归）　　树脂道（松属木材横切面）

图 1-34　分泌组织

1. 外分泌组织

位于植物的体表，其分泌物最终排出到体外。主要有腺毛、蜜腺等。

（1）腺毛（glandular trichome）

腺毛是具有分泌功能的表皮毛，其头部的细胞能分泌黏液、挥发油、树脂等物质，头部的细胞壁的外方覆盖着角质层。分泌物先是以渗透的方式穿过细胞壁聚于细胞壁与角质层之间，后来穿过角质层跑到毛外，也有因角质层破裂而流出到毛外的。

（2）蜜腺（nectary）

蜜腺是能分泌蜜汁的腺体，由一群表皮细胞或由其下面的数层细胞特化而成。蜜腺细胞具有浓稠的细胞质，其分泌的蜜汁先后渗透过细胞壁和角质层而到达体外，或经腺体上表皮的气孔而到达体外。蜜腺常存在于虫媒花的花萼、花瓣、子房或花柱的基部,称花蜜腺,如油菜花、荞麦花和槐花中;有的也存在于叶片、托叶、叶柄等处,称花外蜜腺,如蚕豆托叶的紫色部分,蓖麻、油桐的叶柄上部,梧桐叶的下面,樱桃叶片的基部等。

2. 内分泌组织

存在于植物体内,其分泌物也积存于体内。包括分泌细胞、分泌腔、分泌道和乳汁管。

1.5 药用植物的维管束及其类型

1.5.1 维管束的组成和功能

高等植物体内的导管、管胞、木薄壁细胞和木纤维等组成分子有机组合在一起形成木质部(xylem),筛管、伴胞、筛胞、韧皮薄壁细胞和韧皮纤维等组成分子有机组合在一起形成韧皮部(phloem)。由于木质部和韧皮部的主要分子呈管状结构,因此常将它们称维管组织(vascular tissue),主要起输导作用,并有一定的支持功能。通常将蕨类植物、裸子植物和被子植物合称维管植物。

维管束贯穿于植物体的各种器官内,彼此相连成一个庞大的输导系统。其中韧皮部起输导营养物质的作用,木质部起输导水分和无机盐的作用。因为木质部比较坚硬,故维管束还有支持作用。从蕨类植物开始,植物体内出现维管束。具有维管束的植物称为维管植物,它包括蕨类植物和种子植物。

1.5.2 维管束的类型

根据维管束中韧皮部位与木质部间排列关系的不同以及形成层的有无,将维管束分为以下几种类型(图 1-35、图 1-36)。

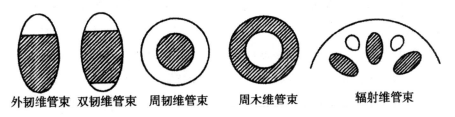

外韧维管束　双韧维管束　周韧维管束　周木维管束　辐射维管束

图 1-35　维管束的类型模式图

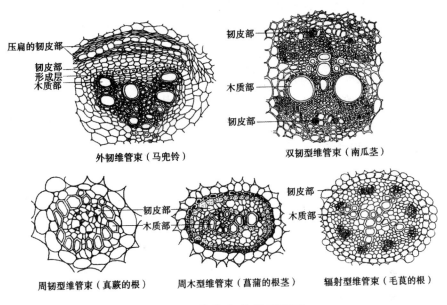

图 1-36　维管束的类型详图

（1）有限外韧维管束（closed collateral vascular bundle）

有限外韧维管束韧皮部位于木质部的外侧，中间无形成层的维管束类型。如大多数单子叶植物茎的维管束。

（2）无限外韧维管束（open collateral vascular bundle）

无限外韧维管束皮部与木质部间的排列关系同有限外韧维管束，但其韧皮部与木质部之间有形成层。如裸子植物和双子叶植物茎中的维管束。

（3）双韧维管束（bicollateral vascular bundle）

双韧维管束木质部的内外侧都有韧皮部。外侧的韧皮部称为外韧皮部，内侧的韧皮部称内韧皮部，在外韧皮部与木质部之间常有形成层。如茄科、葫芦科、夹竹桃科、桃金娘科等植物茎中的维管束。

(4)周韧维管束(amphicribral vascular bundle)

周韧维管束木质部居中,韧皮部围绕在木质部四周,无形成层。在蕨类植物的茎中普遍存在。此外,被子植物门的百合科、禾本科、棕榈科、蓼科中也有某些植物含这种维管束。

(5)周木维管束(amphivasal vascular bundle)

周木维管束韧皮部居中,木质部围绕在韧皮部四周,无形成层。如鸢尾科、天南星科(菖蒲属)、百合科(轮叶王孙属)、莎草科、仙茅科某些植物的茎或根茎中。

(6)辐射维管束(radial vascular bundle)

辐射维管束韧皮部与木质部相互间隔而排列成辐射状。如单子叶植物根中和双子叶植物根的初生构造中。

第2章 药用植物的器官

自然界植物的器官是由多种组织构成,分别为根、茎、叶、花、果实和种子等,具有一定的外部形态和内部结构。其中根、茎、叶为营养器官,共同起着吸收、制造和输送植物体所需的水分和营养物质的作用,以便植物体更好的生长、发育。花、果实、种子为繁殖器官,有繁殖后代、延续种族的作用。各个器官之间彼此相互联系,又相互依存,构成一个完整的植物体。

2.1 根

自蕨类植物开始才出现真根,它具有吸收、输导、合成、分泌、贮藏、繁殖、固着和支持等功能。植物的主根通常呈圆柱形,如中药甘草、防风、怀牛膝;也有圆锥形的,再如桔梗、白芷、黄芩。侧根也称支根,不同植物的根数目不一样。很多植物的根可供药用,如人参、当归、甘草、乌头、龙胆等。

2.1.1 根的类型

1. 主根与侧根

大多数裸子植物和双子叶植物的主根①继续生长,明显而发达。主根生长达到一定长度,在一定部位上侧向地从内部生长出

---

① 主根是指种子萌发时最先是胚根突破种皮,向下生长,这个由胚根发育形成的根(图 2-1)。

许多分枝称为侧根(图 2-1)。侧根和主根往往形成一定角度,侧根达到一定长度时,又能生出新的侧根。在主根和各级侧根上还能形成小的分枝称为纤维根,如人参、丹参。

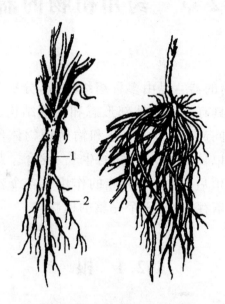

图 2-1　直根系和须根系

1. 主根；2. 侧根

2. 定根和不定根

根就其发生起源可分为定根①和不定根②两类。定根的植物代表有桔梗、人参、棉花等的根。不定根如人参根状茎(芦头)上的不定根,药材上称为"芋"。又如秋海棠、落地生根的叶以及菊、桑、木芙蓉的枝条插入土中后所生出的根都是不定根。在栽培上常利用此特性进行插条繁殖。

---

① 定根(normal root)是指主根、侧根和纤维根都是直接或间接由胚根发育而成的,有固定的生长部位。

② 不定根(adventitious root)是指有些植物的根并不是直接或间接由胚根所形成,而是从茎叶或其他部位生长出来的,这些根的产生没有一定的位置。

3. 根系的类型

根据根系的形态和生长特性不同,可分为直根系和须根系两种基本类型(图2-1)。

(1)直根系

大多数双子叶植物和裸子植物的根系。从外形上看,主根通常粗壮发达,垂直向下生长,主根和侧根区别明显,各级侧根的粗度依次递减,如松、桔梗、人参等。

(2)须根系

大多数单子叶植物的根系及少数双子叶植物的根系。在主根不发达或早期死亡的情况下,许多长短、粗细相近的不定根便从茎基部的节上长出来,簇生呈胡须状,无主次之分,如半夏、麦冬、知母等。

4. 根的变态类型

根在长期适应生活环境的变化过程中,其形态构造产生了许多变态,常见的有下列几种(图2-2,图2-3)。

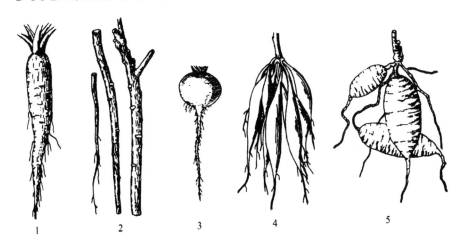

图 2-2　根的变态(地下部分)

1. 圆锥根;2. 圆柱根;3. 圆球根;

4. 块根(纺锤状);5. 块根(块状)

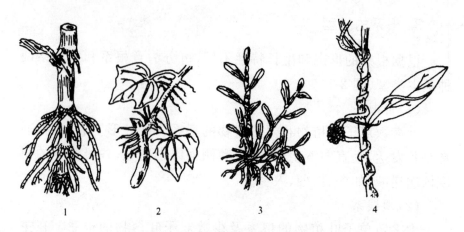

图 2-3　根的变态（地上部分）

1. 支持根（玉米）；2. 攀援根（常春藤）；

3. 气生根（石斛）；4. 寄生根（菟丝子）

（1）攀缘根

这类植物的代表主要为常春藤和络石。植物的茎干上生长出细长柔弱的不定根使植物攀附于石壁、墙垣、树干或其他物体上，这种具有攀附作用的根称为攀缘根（climbing root）。

（2）气生根

这类植物的代表主要为石斛、吊兰、榕树等。茎上生长的一些不定根，不伸入土中，而是在潮湿空气中吸收和贮藏水分，称为气生根（aerial root）。

（3）呼吸根

这类植物的代表主要为水松、红树。生长在湖沼或热带海滩地带的植物，其呼吸困难，因而有部分根垂直向上生长，暴露于空气中行呼吸作用，称为呼吸根（respiratory root）。

（4）寄生根

这类植物的代表主要为菟丝子、桑寄生、肉苁蓉、槲寄生等。该类植物的不定根可以伸入到寄主植物体内，吸收供它们生活所需的营养物质，直接影响寄主植物的生长，称为寄生根（parasitic root）。

2.1.2　根的构造

1. 根尖的构造

根尖是指根的顶端到生有根毛的部分的这一段(图 2-4)。根据根尖细胞的形态、结构特点和分化的程度不同,可将其从顶端自下而上依次分为根冠、分生区、伸长区和成熟区四个既相互区别又彼此联系的区段。

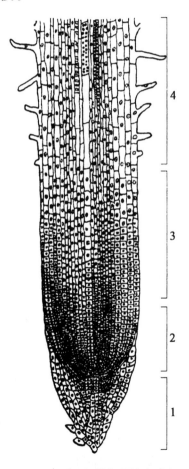

图 2-4　根尖纵切面(大麦)

1. 根冠;2. 分生区;3. 伸长区;4. 成熟区

(1)根冠

根冠位于根的最先端,起着保护作用,由许多薄壁细胞组成。当根不断生长,向前延伸时,其外层细胞不断受到土壤的摩擦而遭到破坏脱落,在生长锥附近的根冠细胞不断进行细胞分裂,产生新的根冠细胞来补充,因此根冠始终能保持一定的形状和厚度。同时,根冠的外层细胞被磨伤破坏时常形成黏液,而减少它在土壤颗粒中的摩擦,有利于根尖向前延伸和发展。近些年来的研究结果表明,根冠还可以控制分生组织中有关向地性的生长调节物质的产生和移动,从而确保根的向地生长。

(2)分生区

分生区也叫生长点,呈圆锥形,位于根冠内方,全长约1～2mm,由分生组织细胞组成。分生区是典型的顶端分生组织,细胞形状为多面体,细胞排列紧密,细胞壁薄,细胞核大,细胞质浓,液泡小。分生区最先端的一群原始细胞来源于种子的胚,属于原分生组织。纵切面观细胞为方形,排列紧密,细胞壁薄,细胞质浓,细胞核大,这些分生组织细胞不断地进行细胞分裂增加细胞数目。分生区是分生新细胞的主要场所,是根内一切组织的"发源地"。

(3)伸长区

伸长区一般长2～5mm,位于分生区的上方,主要特点为根尖在土壤颗粒间向前生长提供主要动力。同时,伸长区也是根吸收无机盐的主要区域。在内部结构上,除了清楚地分化出原表皮、基本分生组织和原形成层外,原形成层细胞已开始分化形成维管组织,最早分化出原生韧皮部的筛管,随后分化出原生木质部的导管。

(4)成熟区

成熟区紧接于伸长区,细胞分化形成了初生组织。根的成熟区表皮上密生根毛,根毛是表皮细胞的外壁向外突出形成的、顶端密闭的管状结构,细胞壁薄软而胶黏。每平方毫米的表皮上可产生数十至数百条根毛,一般可使根接触面积增加3～10倍。成熟区是根部行使吸收作用的主要区域,因此,又称根毛区。在农、林、园艺和中草药栽培工作中,移栽植物时,应尽量减少损伤幼根和根尖,保护根毛区,以保证水分的吸收和供应,提高植株的成活率,这也是带土移栽的主要原因。

2. 根的初生构造

初生生长[①]过程中形成的各种成熟组织,属初生组织。由初生组织形成的结构,叫初生结构,即成熟区的结构。从外向内分为表皮、皮层、维管柱 3 部分,如图 2-5。

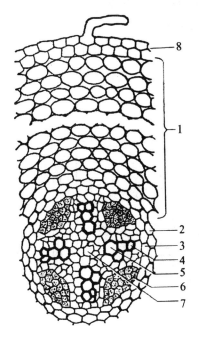

图 2-5　双子叶植物根的初生构造(毛茛幼根)

1. 表皮;2. 皮层;3. 内皮层;4. 中柱鞘;5. 原生木质部;

6. 后生木质部;7. 初生韧皮部;8. 未成熟的后生木质部

(1)表皮

表皮位于根的最外围,细胞近似长方体,排列整齐、紧密,无

---

① 初生生长是指根尖的顶端分生组织细胞经过分裂、生长和分化,形成了根的成熟结构的过程。

细胞间隙,细胞壁薄没有角质化,不具气孔,一部分细胞外壁向外突出形成根毛。根的表皮一般是一层细胞组成的,是由排列紧密的死细胞构成,细胞壁上有带状或网状增厚,常木化和栓化。

（2）皮层

皮层位于表皮内方,由多层薄壁细胞组成,细胞排列疏松,且不含叶绿体。皮层最外的一层细胞称为外皮层（exodermis）,能代替表皮起保护作用。皮层最内的一层细胞称为内皮层（endodermis）,内皮层细胞的壁常有两种增厚情况①。除上述两种情况外,也有的内皮层细胞壁全部木栓化加厚。在此过程中,少数对着木质部的内皮层细胞壁不增厚,仍保持薄壁状态,这种细胞称为通道细胞（passage cell）,可在皮层与维管柱间进行物质交流（图 2-6）。

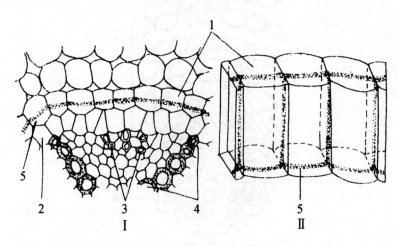

图 2-6　内皮层的结构

Ⅰ. 根部分横切面详图；Ⅱ. 内皮层细胞立体结构

1. 内皮层；2. 中柱鞘；3. 初生韧皮部；4. 初生木质部；5. 凯氏带

---

① 一种是内皮层细胞的径向壁（侧壁）和上下壁（横壁）局部增厚（木质化或木栓化）,增厚部分呈带状,环绕径向壁和上下壁而成一圈,称凯氏带（casparian strip）,其宽度不一,但远比其所在的细胞壁狭窄,从横切面上看,增厚的部分呈点状,故又称凯氏点（casparian spots）；另一种是内皮层细胞的径向壁、上下壁及内切向壁（内壁）显著增厚,只有外切向壁（外壁）比较薄,故在横切面观时,增厚部分呈马蹄形。

（3）维管柱

维管柱也称中柱，是指内皮层以内的所有组织，包括中柱鞘、初生维管束（即初生木质部、初生韧皮部）和薄壁组织三部分，占根的较小面积。

1）中柱鞘

中柱鞘是维管柱最外方组织，向外紧贴着内皮层。根的中柱鞘细胞排列整齐，具有潜在的分生能力。

2）初生维管束

根维管柱中的初生维管组织由初生木质部和初生韧皮部组成。一般初生木质部分为几束，和初生韧皮部相间排列呈辐射状，称为辐射型维管束。

在根的横切面上，初生木质部整个轮廓呈辐射状，而原生木质部构成辐射状的棱角，即木质部脊。在不同植物的根中，木质部脊数是相对稳定的，但是脊数随植物的种类而异。如十字花科、伞形科的一些植物的根中只有两束，称为二原型；毛茛科的唐松草属有三束，称为三原型；葫芦科、杨柳科及毛茛科毛茛属的一些植物有四束，称为四原型；棉花和向日葵有四束或五束，蚕豆有四至六束。一般双子叶植物束较少，为二至六原型；而单子叶植物至少是六束，有些单子叶植物可达数十束之多（图 2-7）。

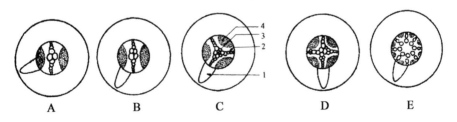

图 2-7　根中木质部脊数的类型

A. 二原型；B. 二原型；C. 三原型；D. 四原型；E. 多原型

1. 侧根；2. 原生木质部；3. 后生木质部；4. 初生韧皮部

一般双子叶植物的根，初生木质部往往一直分化到维管柱的中心，因此一般根不具髓部。但也有些植物初生木质部不分化到维管柱中心，保留未分化的薄壁细胞，故而这些根的中心有髓部，如乌头、龙胆等。单子叶植物根的初生木质部一般不分化到中心，有发达的髓部（图 2-8），如百部、麦冬的块根。也有的髓部细胞增厚木化而成为厚壁组织，如鸢尾。

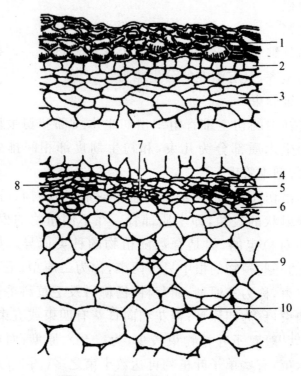

图 2-8　百部根横切面（示髓部）

1. 根被；2. 外皮层；3. 皮层；4. 内皮层；5. 中柱鞘；
6. 木质部；7. 韧皮部；8. 韧皮纤维；9. 髓；10. 髓部纤维

3. 根的负次生构造

根的负次生构造是由次生分生组织（维管形成层和木栓形成层）经过细胞的分裂、分化产生的。

（1）维管形成层的发生及其活动

维管形成层的原始细胞只有一层，但在生长季节，由于刚分裂出来的尚未分化的衍生细胞与原始细胞相似，而成为多层细胞，合称为维管形成层区，简称形成层区（图 2-9）。

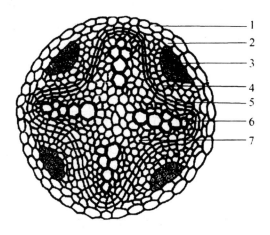

图 2-9 形成层发生的过程

1. 内皮层;2. 中柱鞘;3. 初生韧皮部;4. 次生韧皮部;

5. 形成层;6. 初生木质部;7. 次生木质部

在次生生长的同时,初生构造也起了一些变化,因新生的次生维管组织总是添加在初生韧皮部的内侧,初生韧皮部遭受挤压而被破坏,成为没有细胞形态的颓废组织。由于维管形成层产生的次生木质部的数量较多,并添加在初生木质部之外,因此,粗大的树根主要是次生木质部,非常坚固。

在根的次生韧皮部中,常有各种分泌组织分布(图 2-10)。如马兜铃根(青木香)有油细胞,人参的根中有树脂道,当归的根有油室,蒲公英的根有乳汁管。有的薄壁细胞(包括射线薄壁细胞)中常含有结晶体并贮藏多种营养,如糖类、生物碱等,多与药用有关。

(2)木栓形成层的发生及其活动

①木栓形成层的发生是在维管形成层的活动下,外表皮及部分皮层因不能适应维管柱的加粗遭到破坏,根的部分中柱鞘细胞为了恢复分裂机能便形成木栓形成层。

②木栓形成层的活动。木栓形成层向外分生木栓层,向内分生栓内层。较发达的栓内层可成为"次生皮层"。最初的木栓形成层通常是由中柱鞘分化而成。随着根的增粗,到一定时候,木

栓形成层便终止了活动,其内方的薄壁细胞(皮层和次生韧皮部内),又能恢复分生能力产生新的木栓形成层,而形成新的周皮。

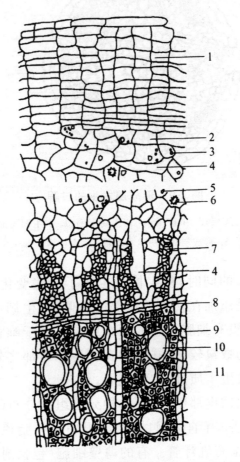

图 2-10　远志根的横切面(含分泌组织)

1. 木栓层;2. 皮层;3. 脂肪油滴;4. 裂隙;

5. 草酸钙方晶;6. 草酸钙结晶;7. 韧皮部;

8. 形成层;9. 射线;10. 导管;11. 木纤维

在中药甘草根的次生构造中(图 2-11),木栓层为数列整齐的木栓细胞。韧皮部及木质部中均有纤维束存在,其周围薄壁细胞中常含草酸钙方晶,形成晶鞘纤维。韧皮部射线常弯曲,束间形成层不明显。

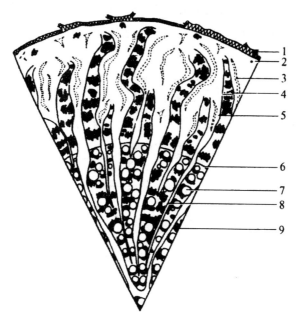

图 2-11　甘草根横切面

1. 木栓层；2. 方晶；3. 裂隙；4. 韧皮纤维和韧皮部；
5. 韧皮射线；6. 形成层；7. 导管；8. 木射线；9. 木纤维束

2.1.3　根的异常构造

某些双子叶植物的根，除了正常的次生构造外，还产生一些通常少见的结构类型，例如产生一些额外的维管束以及附加维管束、木间木栓等，形成了根的异常构造，也称三生构造。

常见的有以下几种类型。

1. 同心环状排列的异常维管组织

一些双子叶植物的根在正常维管束形成以后，形成层往往失去分生能力，此时位于柱鞘部位的薄壁细胞便转化成新的形成层，向外分裂产生薄壁细胞和一圈异形的无限外韧型维管束，如此反复多次，形成多圈异常维管束，并有薄壁细胞间隔，一圈套一圈，呈同心环状排列。这种形成层有两种情况。

①不断产生的新形成层环始终保持分生能力,并使层层同心排列的异常维管束不断增大,呈年轮状,如商陆的根(图 2-12)。

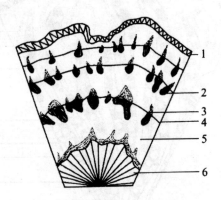

图 2-12　商陆根的横切面

1. 木栓层;2. 木质部;3. 韧皮部;

4. 形成层;5. 针晶束;6. 木质部

②不断产生的新形成层环仅最外一层保持分生能力,而内面各层同心形成层环于异常维管束形成后即停止活动,如牛膝、川牛膝的根(图 2-13、图 2-14)。

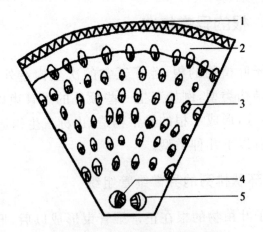

图 2-13　川牛膝根的横切面

1. 木栓层;2. 皮层;3. 异常维管束;4. 木质部;5. 韧皮部

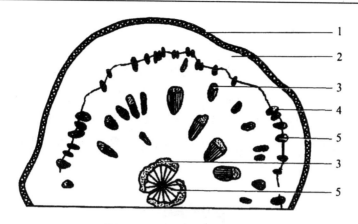

图 2-14　牛膝根的横切面

1. 木栓层;2. 皮层;3. 韧皮部;4. 形成层;5. 木质部

2. 附加维管束

有些双子叶植物的根,在维管柱外围的薄壁组织中能产生新的附加维管柱,形成异常构造。如何首乌块根在正常次生结构的发育中,次生韧皮部外缘薄壁细胞脱分化从而形成多个环状的异常形成层环,它向内产生木质部,向外产生韧皮部,形成异常维管束。

异常维管束有单独的和复合的,其结构与中央维管柱很相似。故在何首乌块根的横切面上可以看到一些大小不等的圆圈状花纹,药材鉴别上称为“云锦纹”(图 2-15)。

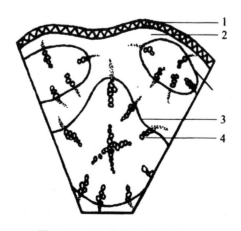

图 2-15　何首乌根的横切面

1. 木栓层;2. 皮层;3. 异常维管束;4. 形成层

3. 木间木栓

有些双子叶植物的根,在次生木质部内也形成木栓带,称木间木栓。木间木栓通常由次生木质部薄壁组织细胞分化形成。如黄芩的老根中央可见木栓环;新疆紫草根中央也有木栓带。甘松根中的木间木栓环包围一部分韧皮部和木质部而把维管柱分隔成2~5个束(图2-16)。

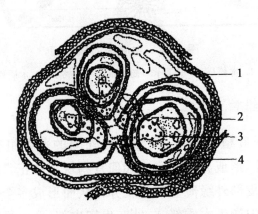

图 2-16　甘松横切面
1. 木栓层;2. 韧皮部;3. 木质部;4. 裂隙

2.1.4　根的生理功能及药用价值

1. 根的生理功能

根是植物适应陆上生活在进化中逐渐形成的器官,它的生理功能主要体现在以下几个方面。

(1)吸收作用

根的最主要功能就是从土壤中吸收水分、二氧化碳和无机盐类(如硫酸盐、磷酸盐、硝酸盐以及钾、钙、镁等离子)。

(2)固着和支持作用

植物体的根深入土壤且反复分支,形成庞大根系,可将植物的地上部分牢固地固着在土壤中,并使其直立。

（3）输导作用

根不仅可以由根毛、表皮吸收水分和无机盐类，还要通过其中的输导组织将这些物质输送到茎枝，以满足植物体生长发育的需要。

（4）合成作用

在根中能合成一系列重要的有机化合物，其中包括组成蛋白质的氨基酸（如谷氨酸、天冬氨酸和脯氨酸等）、有机氮、生物碱、激素等。氨基酸在根中合成后能迅速地输送至生长部位，用来构成蛋白质，作为形成新细胞的原料。

（5）贮藏作用

根内的薄壁组织一般较发达，是贮藏营养物质的场所，其贮藏的物质包括糖类、淀粉、维生素等。

此外，根还有繁殖的功能，如扦插，利用有些植物的根能产生不定芽的特性，将植株粗壮的根用利刀切下，埋入土壤中，便能成功地长出新株。

2. 根的药用价值

根的用途有很多，它可以食用、药用和做工业原料，如胡萝卜、萝卜、甜菜等植物的根可食用；人参、黄芪、三七、甘草、乌头等植物的根可供药用；红薯除可供食用外，还可用作制糖和酿酒、制备酒精的原料。

2.2　茎

茎①是重要的营养器官，多生于地上，少数生于地下，有节和节间，节上生有芽、叶或花。茎具有输导、支持、贮藏和繁殖等功能。

---

①　茎（stem）是由胚芽发育而来，其顶端不断向上生长，同时从叶腋产生侧芽，重复分枝，连同其上的叶一起形成植物体整个的地上部分。

2.2.1 茎的形态和类型

1. 茎的形态特征

茎的横切面有圆形、方形、三角形以及扁平形等。茎的中心常为实心,也存在空心,如禾本科植物的茎中空,且有明显的节,称为秆。

(1)节与节间

茎上生叶的部位,称为节。两个节之间的部分,称为节间。在植株生长过程中,不同种的植物节间的长度是不同的。在木本植物中,节间显著伸长的枝条,称为长枝;节间短缩,各个节间紧密相接,甚至难于分辨的枝条,称为短枝,如图 2-17 所示。

图 2-17 茎的外形

1. 顶芽;2. 侧芽;3. 节;4. 叶痕;

5. 维管束痕;6. 节间;7. 皮孔

（2）芽

芽（bud）是处于动态，尚未发育的枝、花或花序的原始体。包括茎尖的顶端分生组织及其衍生的细嫩结构。芽的类型如图 2-18 所示，芽的类型实物图如图 2-19 所示。

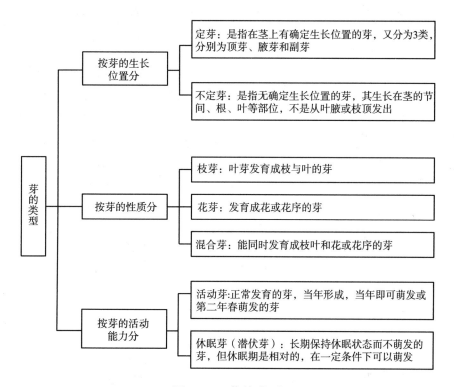

图 2-18　芽的类型

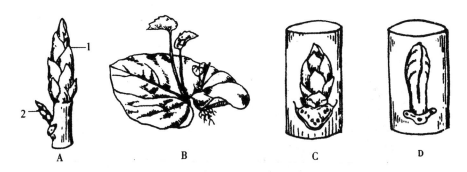

图 2-19　芽的类型实物图

A. 定芽；B. 不定芽；C. 鳞芽；D. 裸芽

1. 顶芽；2. 腋芽

2. 茎的分枝

　　分枝是植物生长时普遍存在的现象,每种植物的茎都有一定的分枝方式。由于芽的性质和活动情况不同,植物会产生不同的分枝方式。常见的分枝方式有单轴分枝、合轴分枝、二叉分枝和假二叉分枝四种类型,如图 2-20 所示。

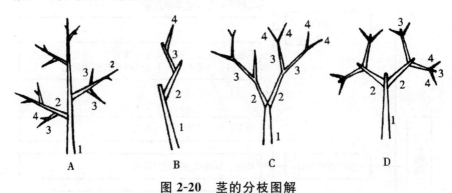

图 2-20　茎的分枝图解

A. 单轴分枝;B. 合轴分枝;C. 二叉分枝;D. 假二叉分枝

3. 茎的类型

　　不同植物的茎在长期进化过程中,适应不同的生长环境,产生了多样化的生长习性,使叶能获得足够的光照,制造有机养料,并适应环境以求得生存和繁衍。按茎的质地可分为木质茎、草质茎和肉质茎三类。若按茎的生长习性可分为直立茎、缠绕茎、攀援茎和匍匐茎等,如图 2-21 所示。

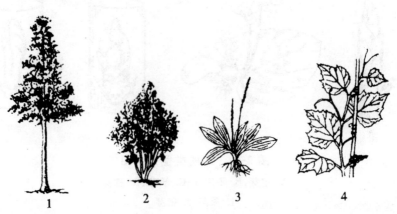

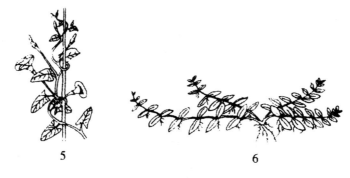

图 2-21　茎的种类

1. 乔木;2. 灌木;3. 草本;4. 攀援藤本;5. 缠绕藤本;6. 匍匐茎

4. 茎的变态

由于长期适应不同的生活环境,有些植物茎产生了一些变态,包括地上茎的变态和地下茎的变态两大类型。

(1)地下茎(subterraneous stem)的变态

地下茎的变态(图 2-22)主要包括根茎、块茎、球茎和鳞茎四种。根茎常横卧地下,呈根状,节和节间明显。块茎肉质肥大呈不规则块状,节向下凹陷,节上具芽,叶呈小鳞片状或早期枯萎脱落,如天麻、半夏、马铃薯等。球茎肉质肥大呈球形或扁球形,节和节间明显。鳞茎极度缩短称鳞茎盘,盘上生有许多肉质肥厚的鳞叶,鳞茎基部生不定根。

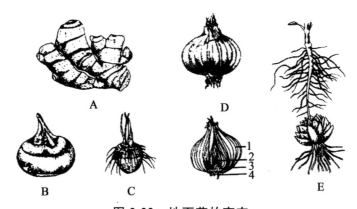

图 2-22　地下茎的变态

A. 根茎(姜);B. 球茎(荸荠);C. 块茎(半夏);D. 鳞茎(洋葱);E. 鳞茎(百合)

1. 鳞叶;2. 顶芽;3. 鳞茎盘;4. 不定根

（2）地上茎（aerial stem）的变态

地上茎的变态包括叶状茎、枝刺、钩状茎、茎卷须和小块茎，如图 2-23 所示。

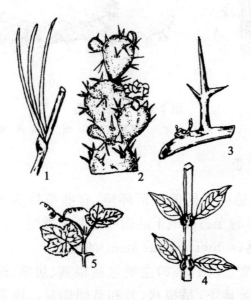

图 2-23　地上茎的变态

1. 枝刺；2. 叶状茎；3. 刺状茎；4. 钩状茎；5. 卷须茎

2.2.2　茎的内部构造

1. 茎尖的构造

茎尖是指茎或枝的顶端，自上而下可分为分生区、伸长区和成熟区三部分。分生区在茎尖的先端，呈圆锥形，为顶端分生组织所在部位，具有强烈的分生能力，故又称生长锥（growth cone）。茎尖的构造与根尖基本相似，不同点为：①茎尖顶端没有类似根冠的构造，而是由幼小的叶片包围着；②在生长锥四周形成小突起，为叶原基或腋芽原基，可发育成叶或腋芽，腋芽再发育成枝；③成熟区的表皮不形成根毛，但常有气孔和毛茸（图 2-24）。

成熟区细胞分裂与伸长均趋于停止，各种组织分化基本完成,形成了初生构造。

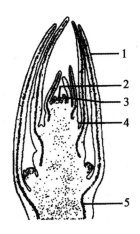

图 2-24　忍冬芽的纵切面

1. 幼叶;2. 生长锥;3. 叶原基;4. 腋芽原基;5. 原形成层

2. 双子叶植物茎的初生构造

通过双子叶植物茎尖的成熟区横切,可观察到茎的初生构造。从外到内分为表皮、皮层和维管柱三部分。

(1)表皮(epidermis)

表皮通常为一层长方扁平、排列整齐、无细胞间隙的生活细胞。

(2)皮层(cortex)

皮层位于表皮内方,主要由薄壁组织构成,细胞大且壁薄,排列疏松,有细胞间隙是表皮和维管柱之间的部分。

(3)维管柱(vascular cylinder)

维管柱位于皮层以内的柱状结构,包括呈环状排列的维管束,以及髓部和髓射线等。

1)初生维管束

双子叶植物的初生维管束包括初生韧皮部[①]和初生木

---

① 　初生韧皮部(primary phloem)位于维管束外方,由筛管、伴胞、韧皮薄壁细胞和韧皮纤维组成,成熟方式是外始式。

质部①。

2)髓(pith)

髓位于茎的中央部分,由薄壁细胞组成,双子叶草本植物茎的髓部较大,木本植物茎的髓部一般较小。有些植物茎的髓部主要为大型的薄壁细胞,被一层排列紧密、细胞壁较厚的小细胞围绕,这种周围区称环髓带(perimedullary region),如椴树。有些植物茎的髓部在发育过程中消失而中空,如连翘、芹菜、南瓜等。

3)髓射线(medullary ray)

髓射线也称为初生射线(primary ray),位于初生维管束之间,由径向延长的薄壁组织组成,有贮藏和横向运输作用。一般草本植物髓射线较宽,木本植物的髓射线较窄。髓射线细胞具有潜在分生能力,次生生长时,与束中形成层相邻的髓射线细胞将恢复分生能力,称为束间形成层(图 2-25)。

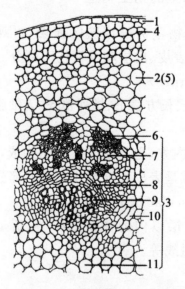

图 2-25　双子叶植物茎的初生构造(横切面)

1. 表皮;2. 皮层;3. 维管束;4. 厚角组织;5. 薄壁组织;6. 初生韧皮纤维;
7. 初生韧皮部;8. 原形成层;9. 初生木质部;10. 髓射线;11. 髓

---

① 初生木质部(primary xylem)位于维管束的内侧,由导管、管胞、木薄壁细胞和木纤维组成,成熟方式为内始式。

3. 双子叶植物茎的次生构造

双子叶植物茎在初生构造形成后,立即产生次生分生组织,包括维管形成层和木栓形成层,并进行分裂活动,形成次生构造,使茎不断加粗。木本植物的次生生长可持续多年,故次生构造发达。

(1)双子叶植物木质茎的次生构造(图 2-26)

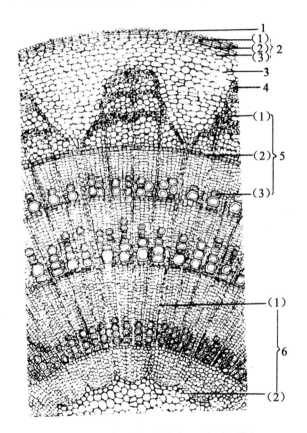

图 2-26　双子叶植物茎的次生构造(横切面)
1. 表皮层;2. 周皮((1)木栓层;(2)木栓形成层;(3)栓内层);
3. 皮层;4. 韧皮纤维;5. 维管束((1)次生韧皮部;
(2)维管形成层;(3)次生木质部);6. 扩展的韧皮射线

1)维管形成层及其活动

当茎进行次生生长时,初生韧皮部和初生木质部之间具有潜在分生能力的原形成层细胞,转变为束中形成层,束中形成层与束间形成层连接成环,即维管形成层。

2)次生木质部

次生木质部是茎次生构造的主要部分,由导管、管胞、木薄壁细胞、木纤维组成。导管类型主要为梯纹导管、网纹导管和孔纹导管。了解茎的次生结构及鉴定木类生药,需采用三种切面,即横切面、径向纵切面和切向纵切面,如图2-27所示。

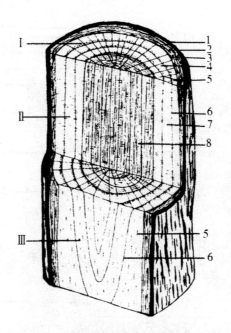

图 2-27 木材的三切面及显示的年轮

Ⅰ. 横切面;Ⅱ. 径向纵切面;Ⅲ. 切向纵切面

1.外树皮;2.内树皮;3.维管形成层;4.次生木质部;

5.射线;6.年轮;7.边材;8.心材

3)次生韧皮部

次生韧皮部常由筛管、伴胞、韧皮纤维、韧皮薄壁细胞组成,另外石细胞也较为常见,如厚朴、肉桂。次生韧皮部中筛分子的输导功能通常只有一年,到了秋天停止输导并死亡,但少数植物的筛分子功能可持续一年以上,次年春天又恢复活动,如葡萄。

(2)双子叶植物草质茎的次生构造

双子叶植物草质茎只有少量的次生构造,大部分为初生构造,特点是:生长期短,维管形成层活动较弱,只有少量次生组织,木质部的量较少,直径加粗有限,质地较柔软。通常不产生木栓形成层,故没有周皮。表皮行使保护作用,表皮上常有毛茸、气孔、角质层、蜡被等附属物。髓部发达,有时髓部中央破裂成空洞状,髓射线一般较宽,如薄荷(图 2-28)。

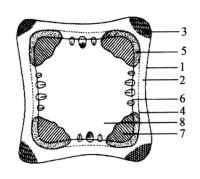

图 2-28　薄荷茎横切面简图

1. 表皮;2. 皮层;3. 厚角组织;4. 内皮层;

5. 韧皮部;6. 形成层;7. 木质部;8. 髓

（3）双子叶植物根茎的构造

双子叶植物根状茎一般指草本双子叶植物的根状茎,构造与地上茎类似。图 2-29 为黄连根状茎横切面简图。

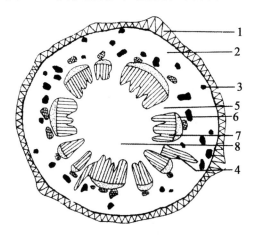

图 2-29　黄连根状茎横切面简图

1. 木栓层;2. 皮层;3. 石细胞群;4. 根迹维管束;

5. 射线;6. 韧皮部;7. 木质部;8. 髓

4. 双子叶植物茎的异常构造

某些双子叶植物的茎在产生次生构造之后,有部分薄壁细胞,恢复分生能力,转化成形成层,产生异型维管束,形成了异常构造。

(1)髓维管束

髓维管束指双子叶植物茎的髓部产生的异型维管束。如大黄根茎的横切面上除正常构造外,髓部有多数星点状的异型维管束,它们是特殊的周木式维管束,形成层呈环状,射线深棕色,呈星状射出,亦称锦纹。形成层外方为木质部,内方为韧皮部,其中常可见黏液腔(图 2-30)。

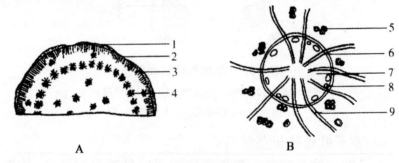

图 2-30 大黄根茎横切面图

A. 大黄药材横切面;B. 星点放大图

1. 次生韧皮部;2. 维管形成层;3. 次生木质部射线;4. 星点;

5. 导管;6. 形成层;7. 韧皮部;8. 黏液腔;9. 射线

(2)同心环状排列的异型维管束

在正常次生生长发育至一定阶段后,一部分薄壁细胞恢复分生能力,在次生维管束的外围又形成多层环状排列的异型维管束,如密花豆的老茎(中药鸡血藤)。

(3)木间木栓

木栓形成层的位置异常,周皮形成在木质部内部成为木间木栓。

5. 单子叶植物茎的构造

(1)单子叶植物地上茎的构造特征

单子叶植物茎一般包括无维管形成层和木栓形成层,最外层为一列表皮细胞。禾本科植物茎秆的表皮下方有数层厚壁细胞分布,具有增强支持作用。表皮以内为基本薄壁组织和散布在其中的多数维管束,无皮层与髓、髓射线之分,维管束类型多为有限外韧维管束,如石斛(图 2-31,图 2-32)。

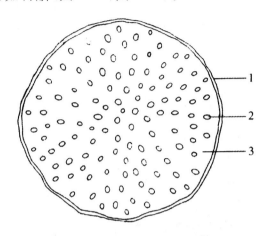

图 2-31　石斛茎的横切面简图

1. 表皮;2. 维管束;3. 基本组织(薄壁组织)

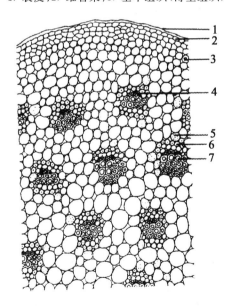

图 2-32　石斛茎的横切面详图

1. 角质层;2. 表皮;3. 基本组织(薄壁组织);

4. 韧皮部;5. 薄壁细胞;6. 纤维束;7. 木质部

（2）单子叶植物根状茎的构造特征

单子叶植物根状茎最外层多为表皮或占较大体积的木栓化的皮层。有些植物根茎在皮层靠近表皮部位的细胞形成木栓组织，如姜；有的皮层细胞转变为木栓细胞，而形成所谓"后生皮层"，以代替表皮行使保护功能，如黑藜芦等（图 2-33）。

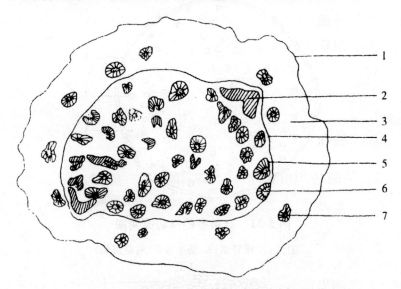

图 2-33　单子叶植物根茎的构造（黑藜芦）

1. 后生皮层；2. 根迹；3. 皮层；4. 内皮层；

5. 木质部；6. 韧皮部；7. 叶迹

2.2.3　茎的生理功能及药用价值

1. 茎的生理功能

（1）物质的运输

水分和无机盐的吸收是依靠根完成的，有机物质的制造主要是依靠叶完成的，而水分、无机盐和有机物质是植物体各部分的生命活动所必不可缺少的。茎位于根、叶之间，对于这些物质的运输起着重要作用。茎中木质部的导管和管胞把根尖从土壤中吸收的水分和无机盐运送到叶、茎、叶韧皮部的筛管或筛胞把叶制造的有机物质运送到根和其他需要它们的部位。

（2）支持作用

茎上着生许多叶、花和果实。叶依靠茎的支持，向各方有规律地生长，以充分接触阳光和空气。花和果实依靠茎的支持，使其处于适宜的位置，以适应于传粉和果实、种子的生长和传播。茎内的机械组织以及木质部中的导管、管胞等输导组织，它们分布在基本组织和维管组织中，犹如建筑物中的钢筋混凝土一样，起着巨大的支持作用。庞大的枝叶、大量的花果怎样抵御自然界中狂风、暴雨与冰雪，如果没有茎的支持，是无法在空中生长的。

除运输和支持作用外，茎尚有贮藏和繁殖作用。

2. 茎的药用价值

有很多药用植物以茎、枝入药，多数是木本植物的茎，如桑枝、桂枝、木通；以带叶茎枝入药的络石藤、忍冬藤、桑寄生；以带钩的茎刺入药的钩藤；以带茎生棘刺入药的皂角刺；以带翅状附属物入药的鬼箭羽；以茎髓部入药的通草；以木材入药的沉香、苏木；少数为草本植物的茎，如首乌藤、天仙藤等。以植物地下茎（变态茎）入药，包括根状茎（根茎）、块茎、鳞茎和球茎，如大黄、天麻、川贝母、半夏等。

2.3　叶

叶（leaf）着生在茎上，通常绿色扁平，含大量叶绿体，具有向光性，是植物进行光合作用，制造有机养料的重要器官。叶还具有气体交换和蒸腾作用，有的叶还具有贮藏营养物质的作用，如贝母、百合的肉质鳞叶，少数植物的叶尚有繁殖作用，如落地生根、秋海棠。

2.3.1 叶的组成

叶一般由叶片(blade)、叶柄(petiole)和托叶(stipules)三部分组成(图 2-34)。

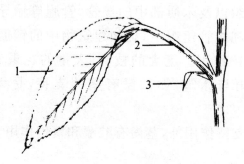

图 2-34 叶的组成部分

1. 叶片；2. 叶柄；3. 托叶

1. 叶片

它是叶的主要部分,其形态、颜色和功能一般如前所述。叶片与叶柄相连的一端称叶基(leaf base),叶片与叶基相反的一端称叶端(leaf apex)或叶尖,叶片的边缘称叶缘(leaf margin),叶片中的维管束称叶脉(veins)。

2. 叶柄

它是连接叶片和茎枝的部分,主要功能是支持和输导。一般呈圆柱形、半圆柱形或稍扁平,腹面多有浅沟槽。但叶柄的形状也各具不同:有些植物叶柄上具膨大的气囊(air sac),以支持叶片浮于水面,如菱、水浮莲等水生植物;有些植物叶柄基部具膨大的关节,称叶枕(pulvinus),如槐;有些植物叶柄基部扩大呈鞘状,称叶鞘(leaf sheath),如当归、白芷等,具有叶鞘是伞形科植物的特征之一。有些植物的叶柄变成叶片状称为叶状柄(phyllode),如台湾相思树、柴胡等。

3. 托叶

托叶是叶柄基部附属物,常成对着生于叶柄基部的两侧。托叶的形状多种多样,通常小而呈线形,也存在形状和大小几乎和叶片一样的叶托等。

具备叶片、叶柄、托叶三部分的叶,称完全叶(complete leaf),如桃、桑、柳的叶;缺少其中任一部分的叶称不完全叶(incomplete leaf)。

不论是完全叶还是不完全叶,若其各组成部分的功能与上述相应部分的功能相似,则称为正常叶。禾本科植物的正常叶在组成方面和叶柄的形态方面与以上所述有不同之处,其叶柄成鞘状而抱茎(这使它在对叶片起输导和支持作用的同时,能对茎起保护作用),称叶鞘(leaf sheath);叶鞘与叶片相接之处的腹面,有一膜状的突出物,称之为叶舌(ligule),它可以防止水分、害虫、病菌孢子等进入叶鞘内;在叶舌的两侧,有一对从叶片基部的边缘伸出的片状突出物,称为叶耳(auricle)。叶舌和叶耳的有无、形状、大小、色泽等,常可作为鉴别禾本科内不同植物的依据(图 2-35)。

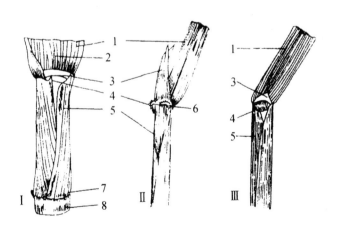

图 2-35　禾本科植物叶片与叶鞘交界处的形态

Ⅰ. 甘蔗叶;Ⅱ. 水稻叶;Ⅲ. 小麦叶

1. 叶片;2. 叶脉;3. 叶舌;4. 叶耳;5. 叶鞘;

6. 叶环;7. 叶鞘基部;8. 节间

2.3.2 叶片的形态、质地和表面附属物

1. 叶片全形

叶片的全形多种多样,常随植物种类的不同而不同。虽然在同一种植物上其形态也有不一样的,但一般来说同一种植物的叶片全形是一样的。这使叶可作为鉴别植物种类的一种依据。确定叶片的形状,主要是根据其长度和宽度的比例以及最宽处所在的位置(图 2-36)。常见的叶片全形分类如图 2-37 所示。

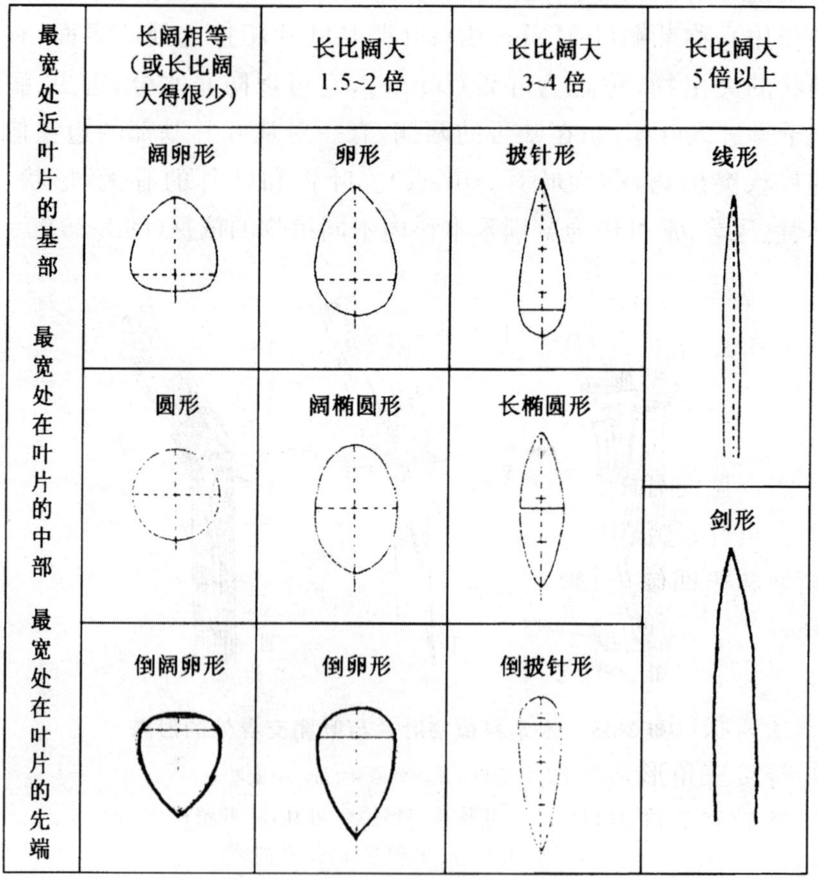

	长阔相等（或长比阔大得很少）	长比阔大 1.5~2 倍	长比阔大 3~4 倍	长比阔大 5 倍以上
最宽处近叶片的基部	阔卵形	卵形	披针形	线形
最宽处在叶片的中部	圆形	阔椭圆形	长椭圆形	剑形
最宽处在叶片的先端	倒阔卵形	倒卵形	倒披针形	

图 2-36 叶片形状图解

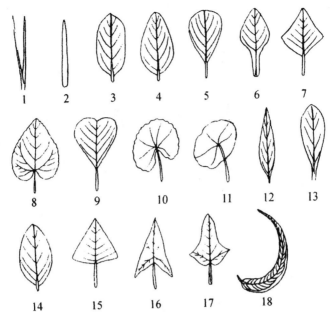

图 2-37　叶片的形状

1. 针形；2. 线形；3. 矩圆形；4. 卵形；5. 倒卵形；

6. 匙形；7. 菱形；8. 心形；9. 倒心形；10. 肾形；

11. 圆形；12. 披针形；13. 倒披针形；14. 椭圆形；

15. 三角形；16. 箭形；17. 戟形；18. 镰形

2. 叶缘形状

常见的有以下几种(图 2-38)：①全缘(entire)即叶缘无凹缺，如女贞叶；②波状(undulate)即整个叶缘有或浅或深的凹缺，但凹缺处和非凹缺处的边缘线柔曲，如茄叶(浅波状)、白栎叶(深波状)；③圆齿状(crenate)如连钱草的叶；④锯齿状(serrate)即叶缘的凹缺处与非凹缺处呈相间排列，且都为非等腰三角形，如茶叶；⑤牙齿状(dentate)即叶缘的凹缺处与非凹缺处呈相间排列，但都为等腰三角形，如桑叶；⑥重锯齿状(double serrate)即叶缘发生凹缺后剩下许多成相间排列的大锯齿状部分和小锯齿状部分，如樱桃叶。

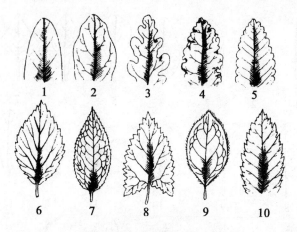

图 2-38　叶缘的形状

1. 全缘；2. 浅波状；3. 深波状；4. 皱波状；5. 圆齿状；

6. 锯齿状；7. 细锯齿状；8. 牙齿状；9. 睫毛状；10. 重锯齿状

3. 叶尖形状

常见的有以下几种（图 2-39）：①圆形（rounde），如细辛叶；②钝形（obtuse），如厚朴叶；③急尖（acute），如满山红叶；④渐尖（acuminate），如蜡梅叶；⑤尾状（caudate），如樱花叶；⑥短尖（mucronate），如华中五味子叶；⑦微凹（retuse），如黄杨叶；⑧微缺（emarginate），如凹叶厚朴叶。

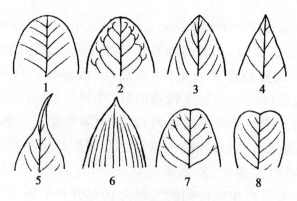

图 2-39　叶端的形状

1. 圆形；2. 钝形；3. 急尖；4. 渐尖；

5. 尾状；6. 短尖；7. 微凹；8. 微缺

4. 叶基形状

常见的有以下几种（图 2-40）：①心形（cordate），如紫荆叶；②耳形（auriculate），如白英叶；③箭形（sagittate），如慈菇叶；④楔形（cuneate），如枇杷叶；⑤戟形（hastate），如菠菜叶；⑥盾形（peltate），如千金藤叶；⑦偏斜（oblique），如曼陀罗叶；⑧穿茎（perfoliate），如莎草叶；⑨抱茎（amplexicaul），如菘蓝叶；⑩合生穿茎（connate），如元宝草叶；⑪截形（truncate），如冰川茶藤叶；⑫渐狭（attenuate），如一枝黄花叶。

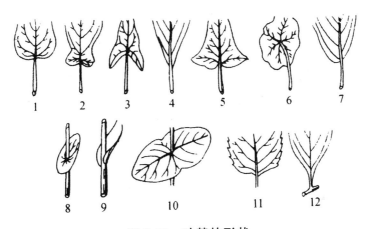

图 2-40 叶基的形状

1. 心形；2. 耳形；3. 箭形；4. 楔形；5. 戟形；6. 盾形；

7. 偏斜；8. 穿茎；9. 抱茎；10. 合生穿茎；11. 截形；12. 渐狭

5. 叶脉和脉序

叶脉（veins）是贯穿在叶肉中的维管束，有输导和支持作用。其中从叶基长出的最粗大的 1 条或数条脉称主脉。从叶基直达叶端的主脉又称中脉（midrib）。主脉的分枝称侧脉（lateral veins），侧脉的分枝称细脉（veinlet）。叶片中各级叶脉间的排列关系称脉序（venation）。常见的脉序如图 2-41 所示。

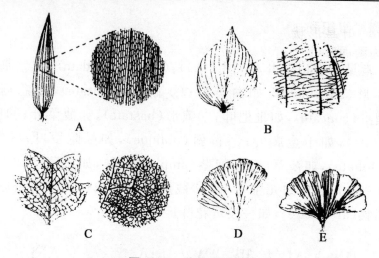

图 2-41　脉序的类型
A. 平行脉序；B. 弧形脉序；C. 网状脉序；
D，E. 叉状脉序；A～C 的放大部分显示细脉的分布

2.3.3　叶片的构造

叶片通常为绿色的扁平体，一般有上下面之分，这是因为两面的内部结构不同，即组成叶肉的组织有较大的分化，形成栅栏组织和海绵组织，这种叶称为异面叶。

1. 单子叶植物叶的结构

单子叶植物叶的形态结构比较复杂，其叶片同样是由表皮、叶肉和叶脉三部分组成，但各部分都有不同的特征。

（1）表皮

禾本科植物叶片表皮细胞的形状比较规则，有长细胞和短细胞两种类型。在上表皮两个叶脉之间还有一些特殊的大型含水细胞，其长径与叶脉平行，有较大的液泡，称为泡状细胞。泡状细胞在叶上排列成若干纵行。此外，禾本植物叶表皮都有两个哑铃形的气孔，气孔是由保卫细胞组成。

（2）叶肉

禾本科植物的叶片多呈直立状，叶片两面受光相似，因此，叶

肉无栅栏组织和海绵组织的明显分化,属于等面叶类型。但是淡竹叶为两面叶(图 2-42)。叶肉细胞排列紧密,细胞壁常向内皱褶,形成具有"峰、谷、腰、环"的结构,此种结构更有利于进行光合作用。

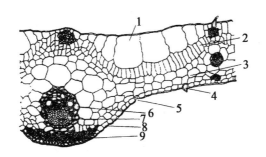

图 2-42　淡竹叶叶片横切面

1. 运动细胞;2. 栅栏组织;3. 海绵组织;4. 非腺毛;

5. 气孔;6. 木质部;7. 韧皮部;8. 下表皮;9. 纤维群

(3)叶脉

禾本科植物叶片中的维管束一般平行排列,为有限外韧维管束(图 2-43)。维管束外具有由 1～2 层细胞组成的维管束鞘。

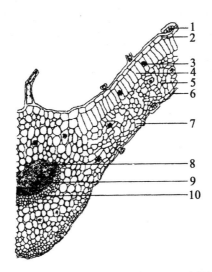

图 2-43　水稻叶片的横切面示意图

1. 上表皮;2. 气孔;3. 表皮毛;4. 薄壁细胞;5. 主脉维管束;

6. 泡状细胞;7. 厚壁组织;8. 下表皮;9. 角质层;10. 侧脉维管束

2. 双子叶植物叶片的构造

(1)表皮

位于叶的表面,是叶的初生保护组织,有上、下表皮之分。表皮通常由一层生活的细胞组成,但也有多层细胞组成的,称为复表皮。表皮细胞通常不含叶绿体。

(2)叶肉

叶肉是上下表皮之间绿色组织的总称,是叶片进行光合作用的主要部分,其细胞中含有大量的叶绿体。一般异面叶的叶肉细胞有栅栏组织①和海绵组织②的分化(图 2-44),等面叶无栅栏组织和海绵组织的分化。

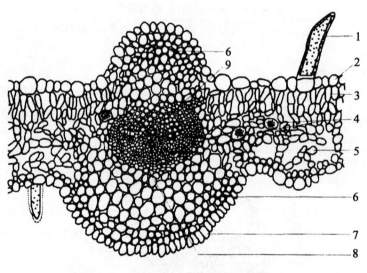

图 2-44 紫花地丁叶横切面(异面叶)

1. 非腺毛;2. 上表皮;3. 栅栏组织;4. 草酸钙簇晶;

5. 海绵组织;6. 厚角组织;7. 下表皮;8. 韧皮部;9. 木质部

① 栅栏组织紧靠上表皮下方,细胞通常一至数层,长柱形,长轴与表皮垂直,类似栅栏状,胞间隙很小,内含大量的叶绿体,功能是进行光合作用。

② 海绵组织位于栅栏组织和下表皮之间,形状不规则,排列疏松,有发达的细胞间隙,形状如海绵,通气能力强,含叶绿体比栅栏组织少,色浅。

(3)叶脉

叶脉分为主脉和各级侧脉,起支持和输导作用。主脉和较大的侧脉是由维管束和机械组织组成。维管束的构造与茎中相同,木质部位于近轴面(即上方),韧皮部位于远轴面(即下方),二者之间还有形成层,但形成层活动时间很短,产生的次生组织很少。中小型侧脉中一般没有形成层,只有木质部和韧皮部两部分。主脉和较大侧脉的上、下方有较多的机械组织。这些机械组织在叶的背面最为发达,因此可见主脉和大的侧脉在叶片背面形成显著突起。侧脉越分越细,结构也越来越简单,脉梢木质部只有短的管胞,韧皮部只有筛管分子和增大的伴胞。

2.3.4　叶的生理功能及药用价值

1. 叶的生理功能

叶的主要生理功能为光合作用、呼吸作用和蒸腾作用,它们在植物的生活中有着很大的意义。此外,叶还具有吐水、吸收、贮藏、繁殖等功能。

(1)光合作用

绿色植物通过吸收太阳光的能量,利用 CO_2 和 H_2O(无机物质),合成有机物质(主要是葡萄糖),并释放氧气的过程,称为光合作用。可用简单公式表示,如下。

$$nH_2O + nCO_2 \longrightarrow (CH_2O)_n + nO_2 \uparrow$$

光合作用所释放的氧气是生物生存的必需条件。所产生的糖是植物自身生长发育所必需的有机物质,也是进一步合成淀粉、蛋白质、脂肪、纤维素、内含物及其他有机物质的原料。

(2)呼吸作用

呼吸作用与光合作用相反,它是指植物细胞吸收氧气,使体内的有机物质氧化分解,排出二氧化碳,同时并释放能量供植物生理活动需要的过程。呼吸作用主要在叶中进行,它和光合作用一样,有较复杂的气体交换,其气体交换主要是通过叶表面的气孔来完成。

(3)蒸腾作用

蒸腾作用是水分以气体状态从生活的植物体表面散失到大气中去的过程。蒸腾作用对植物有重大意义。在蒸腾作用进行过程中,水分以气体的状态从植物体表散失到大气中,一方面可降低叶片的表面温度而使叶片在强烈的日光下不至于被灼伤;另一方面由于蒸腾作用形成的向上拉力,是植物吸收与转运水分的一个主要动力。

(4)吸收作用

叶还有吸收能力,比如向叶面上喷施农药和喷洒一定浓度的肥料,可通过叶表面吸收到植物体内而起作用。根外施肥具有吸收快、见效快的优点。

2. 叶的药用价值

许多植物的叶可供药用。如毛地黄叶含强心苷,为著名强心药;颠茄叶含莨菪碱和东莨菪碱等生物碱,为著名抗胆碱药,用以解除平滑肌痉挛等;侧柏叶能凉血止血,化痰止咳,生发乌发;艾叶用于温经,止血,安胎;大青叶能清热,解毒,凉血,止血;桑叶疏散风热,清肺润燥,清肝明目等。

2.4 花

2.4.1 花的组成及形态

花通常由花梗、花托、花萼、花冠、雄蕊群及雌蕊群组成(图 2-45)。花萼和花冠合称为花被。

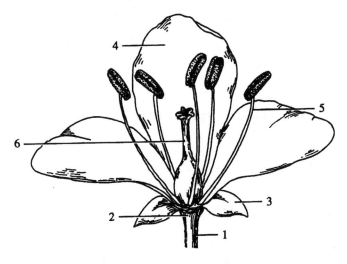

图 2-45　花的组成

1. 花柄;2. 花托;3. 花萼;4. 花冠;5. 雄蕊;6. 雌蕊

1. 花梗

花梗又称花柄,是连接茎的小枝,位于花的下部,支持花使其位于一定空间,并具有输导作用。花柄常为绿色柱状,粗细、长短多样,有的很长,如莲等;有的很短或缺,如地肤、车前等。内部构造与茎大体相似,外为表皮,常有气孔,表皮以内为皮层,中间的维管束常呈环状排列。

2. 花托

花托位于花柄的顶端,稍膨大,有支持花部的作用,花萼、花冠、雄蕊及雌蕊着生其上。花托一般成平坦或稍凸起的圆顶状;有的显著增大、凸起成圆锥状或圆头状,如悬钩子、草莓等;有的特别延长成圆柱状,而花被、雄蕊及雌蕊都螺旋式的排列在柱状花托的周围,如木兰、厚朴等;也有的中央部分下凹成杯状或瓶状,花被及雄蕊着生花托的周缘,雌蕊生底部,如桃、玫瑰等。

3. 花被

当植物的花萼和花冠形态相似不易区分时都称花被,如百合、黄精、厚朴等。

（1）花萼

花萼生于花的最外层，通常呈绿色片状，称萼片，花萼类型有：

①离生萼。植物花萼的萼片彼此分离，如毛茛、萝卜等的花萼。

②合生萼。植物花萼的萼片互相连合，如丹参、地黄等的花萼。

③早落萼。一般花凋谢后，花萼也枯萎或脱落，有的在花开放之前即脱，如虞美人、白屈菜等的花萼。

④宿存萼。有的花落以后花萼仍不脱落，并随着果实增大，如柿、酸浆等的花萼。

⑤副萼。花萼通常排成一轮，有的在花萼之外有一层萼状物，如草莓、翻白草、棉花等的花萼。

⑥瓣状萼。不少植物的花萼，大而具色，像花冠，如乌头、铁线莲、飞燕草等的花萼。

⑦冠毛。菊科多种植物的花萼变态成毛状，如蒲公英、旋覆花等的花萼。有些植物的花萼变态成半透明的膜质，如补血草、鸡冠花等。

（2）花冠

花冠为一朵花中所有花瓣的总称，位于花萼的内侧，并与其交互排列，是花中最显眼的部分，常具有鲜艳的色彩。花冠由一定数目的花瓣组成，以 3、4 或 5 基数多见。有的花瓣彼此分离，称离瓣花冠，其花称离瓣花，如毛茛、玉兰等；有的花瓣互相连合，称合瓣花冠。

如图 2-46 所示，植物花冠常形成特定的形态主要有以下几种。

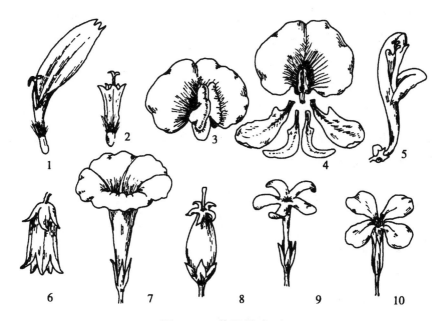

图 2-46　花冠的类型

1. 舌状花冠；2. 管状花冠；3. 蝶形花冠；4. 蝶形花解剖；

5. 唇形花冠；6. 钟状花冠；7. 漏斗形花冠；8. 壶形花冠；

9. 高脚蝶形花冠；10. 十字形花冠

（3）花被卷叠式

花被各片之间的排列形式及关系，称花被卷叠式。在花蕾即将绽开时较明显，易于分辨。常见的类型如图 2-47 所示。

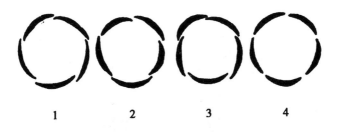

图 2-47　花被的卷叠式

1. 旋卷式；2. 重覆瓦状；3. 覆瓦状；4. 镊合状

4. 雄蕊

雄蕊群是一朵花中全部雄蕊的总称。雄蕊的数目一般与花瓣同数或为其倍数,最少的只有 1 枚雄蕊,如大戟属,有的为花瓣数的两倍以上,多达数十或百枚以上,如桃金娘科植物等。数目在 10 枚以上的称雄蕊多数。

(1)雄蕊的组成

一个典型的雄蕊可分为花丝和花药两部分。花药在花丝上的着生方式因植物种类而异,有全着药、基着药、背着药、丁字药、个字药和广歧药等(图 2-48)。

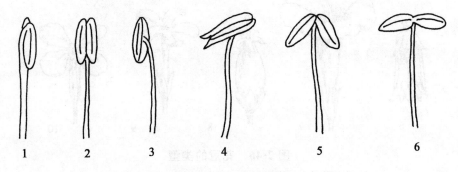

图 2-48　花药的着生

1. 全着药;2. 基着药;3. 背着药;4. 丁字药;5. 个字药;6. 广歧药

(2)雄蕊的类型

雄蕊的数目、长短、排列及离合情况随植物种类的不同而异,常见的类型如图 2-49 所示。

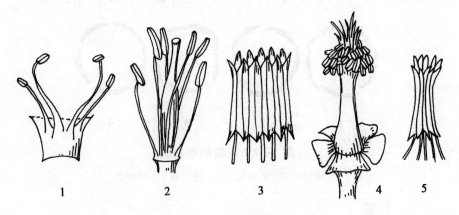

图 2-49　雄蕊的类型

1. 二强雄蕊;2. 四强雄蕊;3. 聚药雄蕊;4. 单体雄蕊;5. 多体雄蕊

5. 雌蕊群

雌蕊群位于花的中央,是一朵花中所有雌蕊(pistil)的总称。

(1)雌蕊的组成

雌蕊由子房、花柱和柱头三部分组成。

(2)雌蕊的类型

雌蕊和花的其他部分一样也是由叶变态而成,一般分为心皮、腹缝线和背缝线三种类型。

根据构成雌蕊的心皮数目不同,雌蕊可分为单雌蕊和复雌蕊两大类型(图 2-50)。

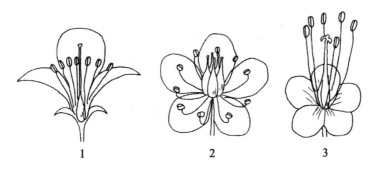

图 2-50　雌蕊的类型

1. 单生单雌蕊;2. 离生单雌蕊;3. 复雌蕊

(3)子房着生的位置

子房着生在花托上的位置以及与花的各部分关系往往在不同的植物种类中有所不同,如图 2-51 所示。

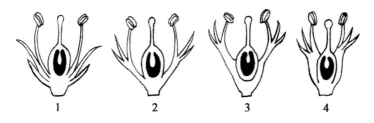

图 2-51　子房与花被的相关位置

1. 上位子房(下位花);2. 上位子房(周位花);

3. 半下位子房(周位花);4. 下位子房(上位花)

（4）胎座的类型

胚珠在子房内着生的部位称胎座（placenta）。常见的胎座有边缘胎座、侧膜胎座、中轴胎座、特立中央胎座、基生胎座和顶生胎座等类型（图 2-52）。

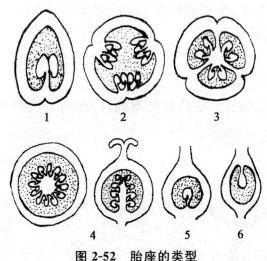

图 2-52　胎座的类型

1. 边缘胎座；2. 侧膜胎座；3. 中轴胎座；

4. 特立中央胎座；5. 基生胎座；6. 顶生胎座

（5）胚珠的构造及类型

胚珠（ovule）是种子的前身，着生于子房的胎座上，数目随植物种类不同而异。胚珠由珠心、珠被、珠孔、珠柄组成。胚珠在发生时，由于各部分的生长速度不同，使珠孔、合点与珠柄的位置有所变化而形成胚珠的不同类型（图 2-53）。

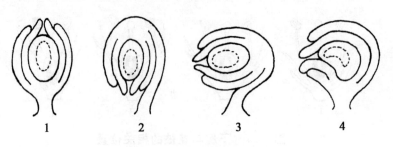

图 2-53　胚珠的类型

1. 直生胚珠；2. 倒生胚珠；3. 横生胚珠；4. 弯生胚珠

2.4.2　花的类型

在长期的演化过程中,被子植物的花在外部形态和内部构造等方面发生不同程度的变化,从而形成不同的类型。

1. 完全花与不完全花

一朵具有花萼、花冠、雄蕊群和雌蕊群四部分的花,称完全花(complete flower),如桃、毛茛;如果缺少其中 1～3 部分,则称不完全花(incomplete flower),如辛夷、百合、大戟等。

2. 重被花、单被花和无被花

一朵既有花萼又有花冠的花称重被花(double perianth flower),如贴梗海棠、油菜;若一朵花中有花被但无花萼与花冠的分化,则称单被花(simple perianth flower)。很多单被花的花被片具有鲜艳的非绿色的色彩而类似花瓣,如百合、玉兰、郁金香、石蒜等,也有单被花的花被呈绿色的,如轮叶王孙;若一朵花中既无花萼,又无花冠,则称无被花(achlamydeous flower)或裸花(naked flower),如鱼腥草、大戟。无被花常具显著的苞片(图 2-54)。

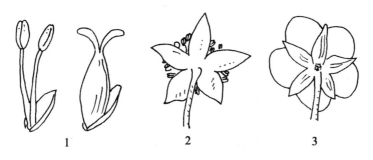

图 2-54　无被花、单被花和重被花

1. 无被花;2. 单被花;3. 重被花

3. 两性花、单性花和无性花

一朵既有雄蕊又有雌蕊的花,称两性花(bisexual flower),如薄荷、枸杞;若一朵花中只有雄蕊或只有雌蕊,则称单性花(unisexual flower)。其中只有雄蕊而缺少雌蕊的花称雄花,只有雌蕊而缺少雄蕊的花称雌花。有的植物的雄花和雌花生于同一植株上,称雌雄同株(monoecious),如南瓜、半夏等;有的植物的雄花和雌花分别生于不同植株上,称雌雄异株(dioecious),如银杏、绞股蓝、天南星等。在同一植株上既有单性花又有两性花的现象称杂性同株。若同种植物两性花和单性花分别生于不同植株上则称杂性异株,如葡萄、臭椿等。若一朵花中雄蕊和雌蕊均退化或发育不全,则称无性花(asexual flower),或称中性花(neutarl flower)。由于它不能产生种子,亦称不孕花(sterile flower),如伞形绣球的花序周缘的花。

4. 辐射对称花、两侧对称花和不对称花

通过花的中心可作出 2 个或 2 个以上对称面的花,称辐射对称花(actinomorphic flower),又称整齐花,如桔梗、油菜、蔷薇、百合。通过花的中心只能作出一个对称面的花称两侧对称花(zygomorphic flower),又称不整齐花,如甘草、丹参、洋地黄、石斛等(图 2-55)。通过花的中心不能作出对称面的花称不对称花(asymmetric flower),如缬草、美人蕉。

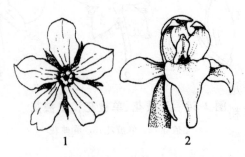

图 2-55　辐射对称花和两侧对称花

1. 辐射对称花;2. 两侧对称花

此外,还可根据花中子房的位置将花分为上位花、下位花和周位花;根据传播花粉的途径分为风媒花、虫媒花、鸟媒花和水媒花。

2.4.3　花的生理功能及药用价值

1. 花的主要生理功能

花是种子植物的繁殖器官,其生理功能主要是生殖作用,花通过生殖作用产生果实和种子,延续种族。花的生殖作用的主要过程是传粉和受精。

(1)传粉

传粉是花朵开放,花药裂开,花粉粒散出,并以各种方式传送到雌蕊的柱头上的过程。传粉又分为自花传粉与异花传粉两种。

1)自花传粉

自花传粉指一朵花中的花粉被传送到同一朵花雌蕊柱头上的过程。具有自花传粉的植物称自花传粉植物,如小麦、大麦、棉花、大豆、番茄、桃、柑橘等。在生产上,把作物同株异花间的传粉,果树同品种间的传粉也称自花传粉。

2)异花传粉

异花传粉是被子植物有性生殖中较为普遍的一种传粉方式,雄蕊的花粉借风或昆虫等媒介传送到另一朵花的雌蕊柱头上。借风传粉的称风媒花,风媒花的特征为:多为单性花,单被或无被,花粉量多,柱头面大和有黏质等,如稻、玉蜀黍等。自然界异花传粉极为普遍。风媒花和虫媒花的多种多样特征,是植物长期自然选择的结果。

异花传粉是一种进化的传粉方式。从生物学意义上讲,异花传粉比自花传粉优越。因异花传粉的植物,雌、雄配子来自不同的花或不同植株,是在差别比较大的生活条件下形成的,其遗传性差异较大,经结合所产生的后代,具有较强的生活力和适应性。所以,异花传粉是自然界中大多数植物的传粉方式。

（2）受精

当花粉落到柱头时，成熟雌蕊的柱头上分泌出黏液，使花粉黏附在柱头上，同时又促使花粉粒萌发。花粉粒萌发时，首先自萌发孔产生花粉管，然后花粉管向下生长伸长，穿过柱头，经过花柱，进入子房，再通过珠孔（称珠孔受精）或合点（称合点受精）进入胚囊。在花粉管的伸长过程中，花粉粒中的营养细胞和两个精细胞（由生殖细胞分裂而成）进入花粉管的最前端，花粉管破裂，精细胞被释放到胚囊中（这时营养细胞已分解消失），其中 1 个精细胞与卵细胞结合，形成受精卵（合子），以后发育成种子的胚，另 1 个精细胞与 2 个极核细胞结合，发育成种子的胚乳，这一过程称双受精，为被子植物所特有。受精后，胚囊中的其他细胞先后被吸收而消失。

2. 花的药用价值

许多植物的花可供药用。花类中药通常包括完整的花、花序或花的某一部分。完整的花分为已开放的花，如洋金花、红花；尚未开放的花蕾如辛夷、丁香、金银花、槐花。花序亦有用未开放的如头状花序款冬花和已开放的如菊花、旋覆花；花的某一部分，雄蕊如莲须，花梓如玉米须，柱头如番红花，花粉粒如松花粉和蒲黄等。

2.5　果实

果实（fruit）是被子植物所特有的繁殖器官，由心皮闭合构成的子房发育而来，种子包藏于其中。果实有保护种子和散布种子的作用。

2.5.1　果实的组成和构造

果实由果皮（pericarp）和种子组成，其中果皮由子房壁发育而来,而种子则来源于受精的胚珠。果实的构造常指果皮的构造,果皮通常可分为三层,由外向内分别由外果皮、中果皮和内果皮组成。如桃、杏、李等植物的果实可明显的观察到外、中、内三层结构。

1. 外果皮

外果皮(exocarp)位于果实的最外层,通常较薄而坚韧,一般由一层外表皮细胞构成,有时在外表皮细胞层里面还有一层或几层厚角组织细胞,如桃、杏等,或厚壁组织细胞,如菜豆、大豆等。表皮上偶有气孔,并常具角质层、毛茸、蜡被、刺、瘤突、翅等,有的在表皮中尚含有色物质或色素,如花椒,也有的在表皮细胞间嵌有油细胞,如北五味子。

2. 中果皮

中果皮(mesocarp)位于果皮中层,占果皮的很大部分,多由薄壁细胞组成,具多数细小的维管束,是果实主要的可食用部分;中果皮其结构变化较大,肉质果多肥厚,里面还有大量薄壁组织细胞;干果成熟后中果皮变干收缩成膜质或革质,如荔枝、花生等。维管束一般分布在中果皮内。有的中果皮中含有石细胞、纤维,如连翘、马兜铃等的果实;有的含油细胞、油室及油管等,如胡椒、花椒、陈皮、小茴香等的果实。

3. 内果皮

内果皮(endocarp)位于果皮的最内层,因果实类型的不同而区别很大,有的内果皮与中果皮合生不易分离,有的由多层石细胞组成而为木质化的坚硬并加厚,如核果中的桃、李、杏等,有的多由一层薄壁细胞组成而呈膜质,如苹果、梨等;少数植物的内果皮能生出充满汁液的肉质囊状毛,如柑桔、柚子等。

以大豆为例来说明荚果的果皮结构。大豆果皮可以明显的分为三层,外果皮包括表皮和下表皮层,由厚壁的细胞组成;中果皮是薄壁组织；内果皮则包括几层厚壁细胞（图 2-56）。

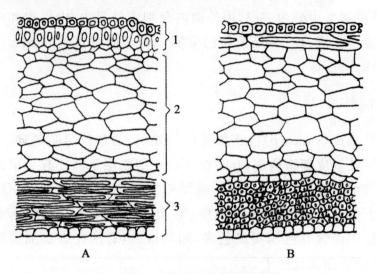

图 2-56　大豆属荚果果皮的构造

A. 斜向横切；B. 斜向纵切

1. 外果皮；2. 中果皮；3. 内果皮

2.5.2　果实的类型

根据果实来源、结构和果皮特性等，果实可分为单果、聚合果和聚花果三大类。其中，单果由 1 个心皮或多心皮合生雌蕊所形成的果实称单果，分干果和肉果两类。

1. 干果

果实成熟后果皮干燥，根据成熟后开裂或不开裂，分裂果和闭果（也称不裂果）（图 2-57）。

（1）裂果

果实成熟后开裂，根据开裂方式分为四种：

1）蓇葖果

由 1 个心皮发育成，成熟后沿一个缝线（腹缝线或背缝线）开裂。由 1 朵花中 1 个心皮形成的蓇葖果较少，如淫羊藿、银桦等；1 朵花中 2 个离生心皮则形成 2 枚蓇葖果，如杠柳、徐长卿等；1

朵花中多个离生心皮则形成聚合蓇葖果,如芍药、牡丹、辛夷等。

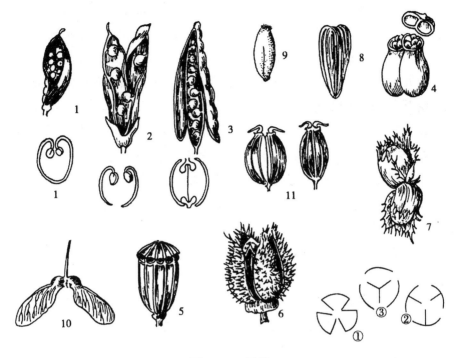

图 2-57　干果

1. 蓇葖果;2. 荚果;3. 长角果;4. 蒴果(盖裂);5. 蒴果(孔裂);

6. 蒴果(纵裂)(①室间开裂②室背开裂③室轴开裂);

7. 坚果;8. 瘦果;9. 颖果;10. 翅果;11. 双悬果

2)荚果

由 1 个心皮发育成,成熟时由腹缝钱和背缝线两边开裂,为豆科植物所特有,如扁豆、绿豆、赤豆等。有些不开裂,如花生、紫荆、皂荚等;有的种子间具节,成熟时一节一节断裂,如含羞草、山蚂蝗、小槐花等;槐的荚果,呈念珠状。

3)角果

由 2 个心皮形成,心皮边缘合生处生出隔膜,将子房分为 2 室,成熟后,果皮从两腹缝线开裂、脱落,假隔膜仍留在果柄上。十字花科的植物具有这类特征,分长角果和短角果。长角果长为宽的多倍,如芥菜、油菜等;短角果的长与宽近等长,如荠菜、独行菜等。

4)蒴果

由 2 个或 2 个以上的合生心皮发育成。是裂果中最普通、数量最多的一类。成熟时开裂的方式有：①纵裂：沿心皮纵轴方向开裂，若沿心皮腹缝线开裂，称室间开裂，如蓖麻、马兜铃；若沿背缝线开裂称室背开裂，如鸢尾、百合、紫丁香等；若沿腹缝线或背缝线开裂，但子房间壁仍与中轴相连，称室轴开裂，如牵牛、曼陀罗等。②孔裂：顶端呈小孔状开裂，种子由小孔散出，如罂粟、虞美人、桔梗等。③盖裂：这类果实也称盖果，沿果实中部或中上部呈环形横裂，中部或中上部果皮呈盖状脱落，如马齿苋、车前、莨菪等。④齿裂：顶端呈齿状开裂，如王不留行、瞿麦等。

（2）闭果（不裂果）

过失成熟后果皮不开裂，有以下几种：

1)坚果

果皮坚硬，内含 1 粒种子，如板栗、白栎等；有的较小，果皮光滑、坚硬，称小坚果，如薄荷、益母草、紫草等。

2)瘦果

果皮薄，稍韧或硬，内含 1 粒种子，果皮与种皮分离，这是闭果中最普通的一种。根据心皮数可分以下 3 种：①由 2 个心皮合生雌蕊、下位子房形成的瘦果，如向日葵、蒲公英等菊科植物的果实，亦称菊果或连萼瘦果；②由 3 个心皮、上位子房形成的瘦果，如荞麦等；③由 1 个心皮、上位子房形成的瘦果，常聚合成聚合瘦果，如毛茛、白头翁等。

3)胞果

由 2～3 个心皮、上位子房形成的果实，果皮薄而膨胀，易与种子分离，如藜、青葙等。

4)颖果

由 2 个心皮、下位子房形成，果皮薄并与种皮愈合，不易分离，如稻、麦、玉米等，为禾本科植物所特有。

5)翅果

果皮延伸成翅，如杜仲、榆、槭等。

6）双悬果

由 2 个心皮合生雌蕊、下位子房发育形成的 2 个分果，2 个分果的顶端分别与 2 裂的心皮柄的上端相连，心皮柄的基部与果柄的顶端相接，每个分果中有一种子，如窃衣、茴香等。双悬果为伞形科植物所特有。

2. 肉果

肉果果皮肉质多汁，成熟时不开裂（图 2-58）。

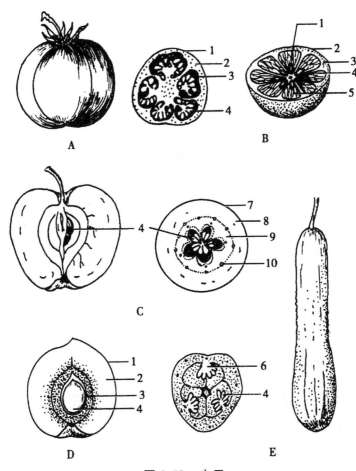

图 2-58　肉果

A. 浆果；B. 柑果；C. 梨果；D. 核果；E. 瓠果

1. 外果皮；2. 中果皮；3. 内果皮；4. 种子；5. 毛囊；

6. 胎座；7. 花筒；8. 心皮维管束；9. 果皮；10. 花筒维管束

（1）浆果

由 1 个心皮或多心皮的合生雌蕊、上位或下位子房发育形成。外果皮薄，中果皮、内果皮肉质多汁，内有一至多粒种子，如葡萄、番茄、枸杞、柿等。

（2）核果

由 1 个心皮或数个心皮的合生雌蕊、上位子房形成。外果皮较薄，中果皮肉质，内果皮坚硬、木质，形成果核。如桃、杏、胡桃等。

（3）柑果

由多心皮合生雌蕊、上位子房形成。外果皮较厚，革质，内含多数油室；中果皮疏松海绵状，具多分枝的维管束；内果皮膜质，分离成多室，内生有许多肉质多汁的毛囊，如橙、柚、柑橘等。

（4）梨果

多为 5 个心皮、下位子房与花托共同形成的一种假果。外果皮薄，中果皮肉质（外、中果皮由花托形成，为假果皮），内果皮坚韧（由心皮形成，为真果皮），常分隔为 5 室，每室常含 2 粒种子，如苹果、梨、山楂等。

（5）瓠果

由 3 个心皮、下位子房与花托共同发育形成的假果。外果皮坚韧，中果皮及内果皮肉质，如丝瓜、瓜蒌、西瓜，为葫芦科所特有。

3. 聚合果

由一朵花中的许多离生单雌蕊聚集生长在花托上，并与花托共同发育成的果实。每个离生雌蕊各为一个单果（小果），根据小果的种类不同，又可分为聚合蓇葖果（八角茴香、芍药）、聚合瘦果（草莓、毛茛）、聚合核果（悬钩子）、聚合浆果（五味子）、聚合坚果（莲）等（图 2-59）。

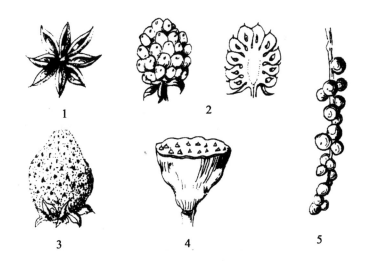

图 2-59　聚合果

1. 聚合蓇葖果(八角茴香)；2. 聚合核果(悬钩子)；3. 聚合瘦果(草莓)；

4. 聚合坚果(莲)；5. 聚合浆果(五味子)

4. 聚花果

聚花果又称复果(multiple fruit)，指由整个花序发育而成的果实，如桑葚、凤梨(菠萝)、无花果(图 2-60)。

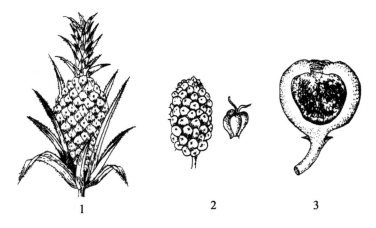

图 2-60　聚花果

1. 凤梨；2. 桑葚；3. 无花果

2.5.3　果实的生理功能和药用价值

果实的主要生理功能是保护和传播种子。

许多植物的果实可供药用，少数是以幼果或未成熟的果实入药，如青皮、枳实等，多数是以成熟或近成熟的果实入药。有的用整个果实，有的用部分果实，如陈皮、大腹皮以果皮入药，茱萸以果肉入药，橘络以中果皮的维管束入药。

2.6　种子

被子植物受精作用完成后，胚珠发育成种子(seed)，子房(有时还有其他结构)发育成果实。种子中的胚(embryo)由合子发育而来，胚乳由初生胚乳核(受精极核)发育形成，种皮来自珠被，多数情况下珠心、胚囊中的助细胞和反足细胞均被吸收而消失。

2.6.1　胚的发育

胚是新一代植物孢子体的幼体，种子植物的胚包藏在种子中。胚的发育过程从合子开始，卵细胞受精后，进入休眠状态，休眠期的长短因植物种类而不同，有时也受到环境条件的影响。如水稻合子休眠 6 小时，棉花 2~3 天，茶树 5~6 个月。休眠期的合子内部发生诸多变化，如细胞质重新分配，液泡缩小而分布在珠孔端，细胞壁修复完整，细胞极性化加强，多种细胞器趋集于合点端。合子度过休眠后，第 1 次常为不等横分裂，珠孔端的 1 个大细胞称基细胞(basal cell)，合点端的 1 个小细胞称顶细胞(apical cell)。胚发育早期尚未出现器官分化时，称原胚阶段。随着幼胚的发育，胚轴和子叶显著延伸，最终成熟胚在胚囊内弯曲成马蹄形，胚柄退化消失(图 2-61，图 2-62)。

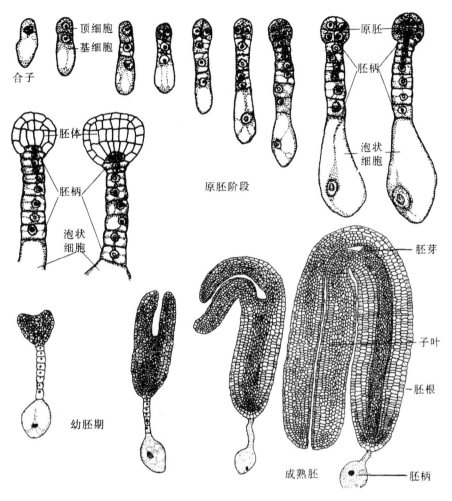

图 2-61　胚的发育过程图示(荠菜)

　　单子叶植物胚的发育早期与双子叶植物极为相似,但在胚的分化过程及成熟胚的结构则差别较大。以小麦(图 2-63)为例说明单子叶植物胚发育的基本特点。合子第 1 次分裂为横分裂,形成 1 个基细胞和 1 个顶细胞,然后顶细胞和基细胞继续向各个方向的分裂,形成基部稍长的梨形原胚。不久,梨形原胚一侧偏上出现一小凹沟,此处生长慢,其上方生长快,后来形成盾片(子叶)的主要部分和胚芽鞘的大部分;在以后的发育中,胚中分化出胚芽鞘、胚芽、胚轴、胚根和胚根鞘,以及位于盾片对侧 1 枚不发达的外子叶,原胚基部形成盾片下部和胚柄。单子叶植物的胚只形成 1 片子叶。从传粉后到胚发育成熟,冬小麦约 16 天,春小麦约 22 天,玉米需 45 天才接近成熟。

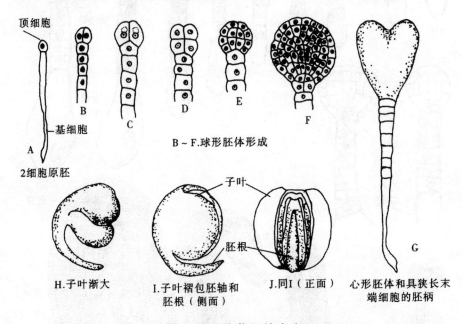

图 2-62 油菜胚的发育

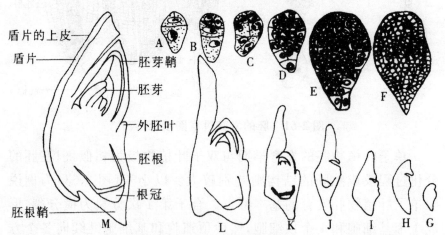

图 2-63 小麦胚的发育过程及结构

A～D.2 细胞、4 细胞、多细胞的原胚(授粉后 1、2、3、4 天);

E～G. 梨形多细胞原胚,盾片刚微现(授粉后 5～7 天);

H～K 胚芽、胚芽鞘、胚根、胚根鞘和外胚叶逐渐分化形成(授粉后 10～15 天);

L. 胚发育比较完全(授粉后 20 天);M. 胚发育完全(授粉后 25 天)

2.6.2　胚乳

胚乳的发育常分为核型、细胞型和沼生目型三类。

1. 核型胚乳

核型胚乳在单子叶植物和离瓣花类植物中常见,主要特征是初生胚乳核第 1 次分裂和以后多次分裂,都不伴随壁的形成,各个胚乳核呈游离状态分散在胚囊中(图 2-64,图 2-65)。

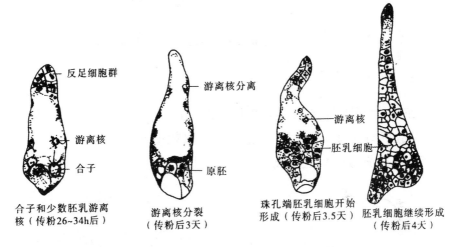

图 2-64　玉米胚囊纵切面,示核型胚乳的发育过程

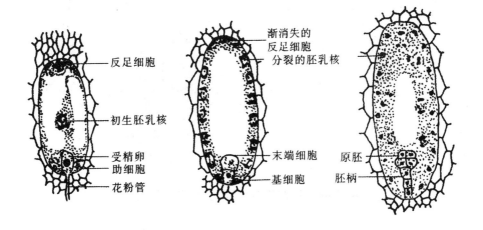

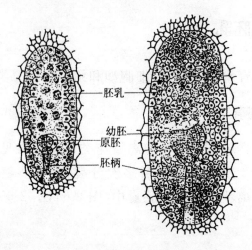

图 2-65　双子叶植物核型胚乳发育过程的模式图

2. 细胞型胚乳

细胞型胚乳的特点是,初生胚乳核的分裂开始,就产生细胞壁,形成胚乳细胞,整个发育过程无游离核时期;大多数合瓣花类植物,如番茄、烟草,芝麻等属此类型(图 2-66)。

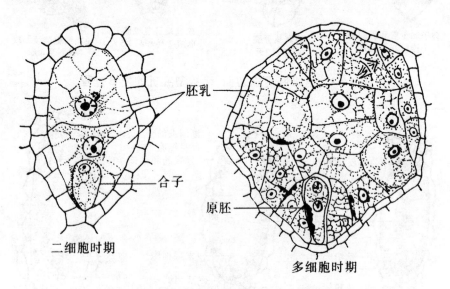

二细胞时期　　　　　　　多细胞时期

图 2-66　矮茄细胞型胚乳的初期发育图

3. 沼生目型胚乳

沼生目型胚乳是核型胚乳与细胞型胚乳的中间类型,初生胚乳核的第 1 次分裂将胚囊分隔为两室(两个细胞),其中珠孔室比合点室宽大。随后核进行分裂形成游离核状态,发育后期,珠孔室最后形成细胞壁,而合点室始终保持游离核状态。

2.6.3　种皮的形成

裸子植物和具合瓣花的双子叶植物种子通常具有单层种皮,而大多数单子叶植物与具离瓣花的双子叶植物种子具有内、外双层种皮,许多寄生类群如檀香科、桑寄生科植物的种子则没有种皮。种皮的主要功能是保护作用。一般核果与多数闭果的果皮往往较为坚韧而为种子提供了充分的保护,因此其内的种子通常仅具有薄而柔软的种皮,例如桃、栗、核桃、向日葵等;而浆果等肉果及各种裂果的种子则通常会发育出坚硬的种皮以保护自身,例如南瓜、莲、蚕豆等。

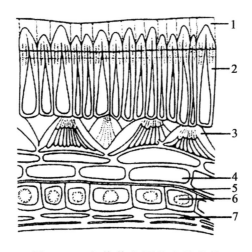

图 2-67　白花草木犀种皮的结构

1. 角质层;2. 栅栏石细胞;3. 骨状石细胞;4. 薄壁细胞;
5. 种皮与胚乳间隙;6. 胚乳糊粉层;7. 内胚乳层

构成种皮的细胞可能包括多种类型,如石细胞、纤维细胞、薄壁细胞、黏液细胞等,其中各种形态的石细胞最为常见,特别是在坚硬的种皮类型中,并通常以紧密镶嵌的模式排列于最外层。另外,结晶、丹宁与挥发油等后含物亦常见于构成种皮的细胞中。图 2-67 为白花草木犀种皮的结构。

2.6.4　种子的生理功能和药用价值

种子是植物的繁殖器官,其主要生理功能是繁衍后代,延续种族。在适宜的条件下,种子可以萌发形成植物的个体。许多种子可以入药,如杏仁、决明子、葶苈子等,也有以部分种子入药,如扁豆衣用种皮,桂圆用假种皮,肉豆蔻以种仁入药,莲子心以胚入药等。

第3章 药用植物鉴别的方法

药用植物鉴别中至关重要的部分是识别未知植物。一份药用植物标本可以通过与标本馆里已鉴别的标本进行对比,参考相关文献,将未知植物进行比较研究,并最后鉴别学名。植物标本的采集、制作是药用植物鉴别的前提,是非常重要的工作。

3.1 药用植物标本的采集

3.1.1 采集前的准备

1. 采集的目的

如编写药用植物志,药用植物资源(或中药资源)调查,或为了收集药用植物的分类、形态、解剖学等方面的实验材料和标本等,采集目的首先必须明确,必须把标本采集和制作作为重点工作。

2. 采集地点与时间的选择

要根据采集的目的及当地的人力、物力、交通状况及季节物候期等方面的情况来确定采集地点和时间。

3. 采集地资料的收集

在确定采集地后,应收集该地区的水文、地质地貌、植被、气候等自然状况的资料。还应收集该地的药用植物名录、植物志、植物检索表、中药或植物资源的普查报告、地图等底本资料。

4. 准备采集工作

采集植物标本要携带的用具主要有:标本夹、镐头或掘根铲、枝剪、吸水纸、采集箱或采集袋、野外记录(本)签(表 3-1 和表 3-2)、号签(见表 3-3)、牛皮纸小袋、钢卷尺、照相机、地球卫星定位仪(GPS)、饮用水、防刺手套、服装、雨具、背包、药品(特别是蛇药)等物品。

表 3-1　野外记录本样式

采集编号:_____	采集日期:_____
采集地:_____	采集人:_____
经纬度:_____ 海拔:_____	坡向:_____

土地类型:　林地　草地　耕地　园地　水域

生态环境:　阳坡　阴坡　沟边　水中　水边　山顶　山脚　林下　林缘　路旁

植被类型:　雨林　针叶林　针阔混交林　阔叶林　灌丛　草甸　草原
　　　　　　高山冰原　荒漠　沼泽　水生

习性:　　草本　藤本灌木　乔木竹类　寄生　攀缘　缠绕　直立
　　　　　叶针状植物(藻、菌、地衣、苔藓)

采集编号:_____	采集日期:_____
株高:_____	胸径(乔木):_____

郁闭度:_____

根系或地下茎:_____

地上茎(草本)或树皮(乔木):_____

叶:_____

花和花序:_____

果实及种子:_____

土名:_____	学名:_____
科名:_____	入药部门:_____

备注:_____

表 3-2　野外记录签试样(13cm×10cm)

＿＿＿＿＿＿＿＿＿＿＿＿＿＿＿＿＿＿＿＿＿＿＿＿＿＿＿＿＿＿＿＿＿＿＿＿＿样本室
日期：＿＿＿＿＿＿＿年＿＿＿＿＿＿＿月＿＿＿＿＿＿＿日
采集人：＿＿＿＿＿＿＿＿＿＿采集编号：＿＿＿＿＿＿＿＿＿＿
产地：＿＿＿省＿＿＿市＿＿＿县＿＿＿镇(乡或街道)＿＿＿村
生境：＿＿＿＿＿＿＿＿＿＿＿＿＿＿＿＿＿＿＿＿＿＿
习性：＿＿＿＿＿＿＿＿＿＿＿＿＿＿＿＿＿＿＿＿＿＿
株高：＿＿＿＿＿＿＿＿胸径：＿＿＿＿＿＿＿＿
根或地下茎：＿＿＿＿＿＿＿＿＿＿＿＿＿＿＿＿
叶：＿＿＿＿＿＿＿＿＿＿＿＿＿＿＿＿＿＿＿＿＿
花及花序：＿＿＿＿＿＿＿＿＿＿＿＿＿＿＿＿＿＿
果实及种子：＿＿＿＿＿＿＿＿＿＿＿＿＿＿＿＿＿
土名：＿＿＿＿＿＿＿＿＿学名：＿＿＿＿＿＿＿＿
科名：＿＿＿＿＿＿＿＿＿＿＿＿＿＿＿＿＿＿＿＿
备注：＿＿＿＿＿＿＿＿＿＿＿＿＿＿＿＿＿＿＿＿

表 3-3　号牌式样(5cm×3cm)

采样人：＿＿＿＿＿＿＿＿＿＿＿＿＿＿＿＿＿＿＿＿
采样编号：＿＿＿＿＿＿＿＿＿＿＿＿＿＿＿＿＿＿＿
采样时间：＿＿＿＿＿＿＿＿＿＿＿＿＿＿＿＿＿＿＿
采样地点：＿＿＿＿＿＿＿＿＿＿＿＿＿＿＿＿＿＿＿

3.1.2　标本的采集方法

1. 种子植物标本的采集方法

依据花、果实和种子的形态构造及根或地下茎的形态进行种子植物的鉴定。因此在采集标本时,如果缺少上述的一个或几个器官,在鉴定时会存在困难,甚至无法鉴定。因此标本的采集不但应注意其典型性,还要注意器官的完整性。采集时应选择能代表该种植物的正常生长、无病虫害、具典型特征的植株；应尽量采集到植物的根、茎、叶、花或果实和种子，发现基生叶和茎生叶不同时，基生叶也要采集。对于百合科、天南星科等科的植物，要注意采集地下茎（根状茎、球茎、鳞茎、块茎）；灌木或乔木通常只需剪取植物体的一部分花枝或果枝。由于生长季节的原因，在采集时往往不能将植物的各部器官一次性采齐，这就需要不同的季节加以补采。

2. 蕨类植物标本的采集法

蕨类植物是依据孢子囊群的构造及排列方式、叶的形状和根茎特点等分类的，所以要将生有孢子囊群的孢子叶连同营养叶、根状茎一起采集，否则不易鉴定。如果植株太大，可以采叶片的一部分（但在带尖端、中脉和一侧的一段），叶柄基部和一部分的根茎，同时认真记下植物的实际高度、叶裂片数目及叶柄的长度。

3. 苔藓类植物标本的采集方法

采集苔藓类植物标本时，要尽量采到有孢子囊的植株；苔藓类植物常长在树干或树枝上，这就要连树枝树皮一起采下。标本采好以后，每种要分别用纸包好，放入牛皮纸袋，不要夹或压，以保持其自然状态。

3.1.3　采集植物标本的野外记录和编号

在野外采集标本时，必须及时、认真地做好野外记录和编号。野外记录应按照野外采集记录本的要求详细填写，如：采集人、采集日期、生态环境、植被类型、采集地、采集编号、习性、科名、学名、土名、入药部位、土壤、经纬度、海拔、株高、胸径等。其中：采集地是指省（自治区、直辖市）、市、县、村等以及可知的小地名。为了节省时间，将上述可供选择的内容一般事先印在记录本上，记录时只要用铅笔在相应的选项上打即可。植物的土名即俗名,应先访问当地群众后再进行填写。对标本被压干易改变的性状,如质地、花的颜色、气味、乳汁、易脱落的毛茸等应在备注中着重记载。每天必须及时整理检查,补上漏记的项目。此外,在采集时发现的任一特征有明显的变异,应记录在记录表的备注中。

为了避免过后忘记或记错号等状况的发生。在野外采集标本时,应尽可能地随采、随记录和编号。同时同地采集的同一植物编为一个号,不同时不同地采集的同种植物要另编一号。每一种植物标本在记录本上要一号一页。每份标本上都要有号签,号签上应有采集人、采集地、采集时间和号数的记录,野外记录的编号和号签上的编号要一致。在野外编的号要一贯连续,不要因为改变地点或时间就另起号头。每号标本的份数也应做好记录。

3.1.4　采集标本的注意事项

我们在采集植物标本的过程中,必须首先了解植物与环境的密切关系,熟练掌握标本采集工具箱的使用方法,自然界的地形、气候、土壤、水分、阳光等因素,对植物生长的关系是非常密切的,这些因素直接或间接地影响着它们的生长、发育和繁殖,因此,在不同的地区,不同的环境,分布着不同的植物种类。了解和掌握环境条件对植物的影响以及植物的分布规律,对于准确地采集植物标本是十分重要的。

1. 地形与植物

不同的地形具有不同的植物,地形的起伏会影响植物的生长发育分布。如三尖杉,一般多分布在高海拔的密林中,而两面针,则分布于低海拔的丘陵灌丛中。此外,不同的坡向也会造成植物种类的差异。如在阳坡可发现较多的翻白叶树、余甘子等喜光植物;而阴坡则生长着尾花细辛等喜阴植物。

由于地形的多样性,造成水分分布的不均,因而植物种类的分布也会出现很大的差别。如我们在荫蔽的密林沟谷边可以发现桫椤,七叶一枝花、裂叶秋海棠、兰科植物等,因为荫蔽潮湿的环境很适宜这些植物的生长。在开阔的疏林下沟谷边,则容易发现朱砂根、虎杖、石菖蒲、虎耳草、线纹香茶菜等。到了山坡地,由于环境比较干旱,一些较耐旱的种类则随着增加。如在次生杂木林中容易找到鹅掌柴、枫香、八角枫、九节、山银花、小叶买麻藤、粤蛇葡萄等植物。在一些沼泽地区,由于常年渍水,土壤中氧气严重不足,养料也比较缺乏,在这样的地形容易找到东方香蒲、谷精草、水车前等以及捕虫植物锦地罗等植物。

2. 气候与植物

气候和植物的分布有着密切关系。不同纬度也影响着植物的分布,如粤北山区和海南山区的高山,海拔虽都不相上下,但在粤北山区的海拔 1000～1400m 之间的密林沟里能发现有黄连分布,而同样的海拔高度,在海南五指山等山区却找不到黄连。

3. 土壤与植物

土壤种类繁多,但一般可分为砂土、壤土、粘土、腐殖质土几大类。例如,以红壤为主的土壤,是在高温多雨的气候和微生物作用影响下形成的,在湿热气候的环境中,由于微生物作用使有机质分解快,土质中所含的铁质容易氧化成氧化铁,所以土壤呈红色。

综上所述,由于各种植物对环境条件的要求不同,所以它们的分布也有不同,因此,我们在采集植物之前,最好先了解各种植物的产地和分布,最后就要利用病虫调查工具箱对进行标本制作的植物生长区域进行病虫害的调查,存在病虫害侵袭严重的植物不能用来制作标本。

3.2　药用植物标本的制作

3.2.1　腊叶标本的制作方法

腊叶标本是指采用吸水纸对新鲜的植物材料进行压制,使之干燥,再将其装订在白色硬纸板上(这种纸板称台纸)而制成的标本,这类标本又称压制标本。腊叶标本的制作方法主要有以下的步骤。

1. 整理

对采集到的植物进行初步的清理和分类,清洗植物表面的泥土,做好标本制作前的准备工作,整理后的标本应保持自然生长的状态。例如:对过密或过长的茎枝、过繁的花、叶、果。可以适当疏剪去一部分,避免堆积与重叠,但要保留花柄、叶柄或果柄以表明其着生位置;高大的草本植物,为保持其自然生长状态,要折成"V""W"或"N"字形,使之适合台纸的大小,也可选其形态上有代表性的部分剪成上、中、下三段,分别压在标本夹内,但要注意编同一采集号,以备鉴定时查对;粗大的根或茎可从中间纵向破开压制;松科植物标本在压制之前应放在酒精或沸水里浸泡一会儿,以防止针叶脱落;肉质的地下茎及果实可纵向剖开,压其一部分,同时要把它们的性状等详细地进行记录;含水分较多的肉质根、块茎、鳞茎或肉质性植物(如百合种、景天科、马齿苋科等),在采集之后必须先用开水或 8% 的甲醛溶液将其生长能力杀死,然后再压制,否则植物在压制过程中还会继续生活,叶片甚至会脱落。

2. 压制、干燥和换纸

使标本在短时间内脱水干燥并固定其形态和颜色,为压制的目的。应先将标本折叠、弯曲或修剪至与台纸尺寸相应,使之不露出吸水纸外,若弯曲后的茎易弹出,可将之夹在开缝纸条里再压好;压制时要将植物的花、叶平展于吸水纸上,尽量使其姿态美观,尤其要注意叶片不能皱折或重叠(如果叶片重叠在一起,可在中间夹一条干燥纸)。至少要有一片叶反转过来压制以便观察其背面特征,最好能幼叶和老叶各有一片;木本植物的茎或小枝要斜剪,使之露出内部的结构,如茎中空或含髓。标本之间应用数层吸水纸间隔,放标本时要上下交错放置,以免凹凸不平。整理好后用标本夹压好,然后将标本夹用绳索捆好。捆绑标本夹时松紧要适度,过松标本不易干,过紧则易变黑。应及时更换吸水纸。换下潮湿的纸应及时晾干或烘干备用。采集当天应换干纸 2 次,以后视情况可相应减少,直至标本完全干燥。换纸的过程中要保持标本不发霉及尽可能不变色。换纸后的标本夹应放在通风、透光、温暖处。

3. 消毒

因为标本上常有小虫及虫卵在其内部,如不消毒,标本可能会被虫蛀,因此标本压干后,一般要进行消毒处理。常用的消毒方法有:

(1)气熏法

把标本放进消毒室或消毒箱内,在将敌敌畏倒入箱内或室内的玻璃皿中,利用毒气熏杀标本上的虫子或虫卵,约 3d 后即可取出标本。

(2)升汞法

一般先配制出 5‰的升汞酒精溶液作为消毒液,可用喷雾器直接往标本上喷,也可用毛笔蘸消毒液,轻轻地在标本上涂刷,或将标本放在盛有消毒液的大盆里浸泡 5min。处理过的标本需放在干的吸水纸上吸干。升汞有剧毒,消毒时必须戴口罩,同时要避免手直接接触标本,结束后立即洗手,以防中毒。

（3）冷冻消毒法

将压干的标本捆好后放入低温冰柜（−18℃～−30℃）中，将标本冷冻 72h，即可起到杀菌消毒的作用。

4. 上台纸

为了使标本能够长期保存，一般选择质量较好，且已经消过毒的标本上装贴。上台纸的方法是：将 40cm×30cm 大小的白色台纸放在平整的桌面上，然后把标本放在台纸的适当位置上，一般标本直放或斜放，把左上角和右下角的位置留出用以贴标签。用白线或白色纸条将标本固定在台纸上。制作过程中要突出该植物的特征，并使标本在台之上的位置适宜，整洁、美观。也可采用白乳胶将标本贴在台纸上再钉牢，最后将野外记录签贴在标本的左上角，将鉴定标签贴在右上角即完成一份标本的制作。

5. 腊叶标本的保存

腊叶标本经上台纸和正式定名后，为了减少磨损，最好用牛皮纸做成的封套将标本装入保存，在封套的右上角写上属名以便查阅。装好的标本应放入标本柜中保存。标本一般按分类系统排列（分类系统可以根据需要自由选择），每科有一个固定编号，要把编号、科名及科拉丁名标识在标本柜门上，科内属级按拉丁文字母顺序编排。为了防虫蛀及标本霉变，应在标本柜内放入樟脑球等防虫剂以及经常开窗通风或安装空调控制标本室内的湿度和温度。

3.2.2　浸制标本的制作方法

植物浸制标本是将新鲜的植物材料，浸制保存在化学药品配制的溶液里，使其保持原有的形态结构及固有颜色的一种植物形态保存方法。植物浸制标本具有本色泽鲜艳，立体感强，形态逼真等特点，是植物分类和植物区系研究必不可少的科学依据，也是植物资源调查、开发利用和保护的重要资料。

1. 绿色标本制备法

植物体之所以呈绿色是因为植物体的叶绿体中含有叶绿素，叶绿素是一种复杂的有机化合物，其分子结构的中央有一个金属镁原子，叶绿素呈现绿色的原因就是由于含有镁原子的核心结构。

绿色浸制标本的基本原理，是用铜离子置换叶绿素中的镁离子。它的做法是利用酸作用把叶绿素分子中的镁分离出来，此时因叶绿素缺镁，所以植物就变成褐色。用 Cu 置换叶绿素分子核心镁，以铜原子为核心的叶绿素分子结构很稳定，不容易分解破坏，且不溶于酒精或福尔马林中，所以如此处理过的植物标本在保存液中可以永久保存绿色。

用 50ml 冰醋酸和 50ml 水配成 50％醋酸溶液，在溶液中慢慢加入醋酸铜粉末，不断搅拌，直到饱和为止（100ml 可溶醋酸铜约 6g），配成醋酸铜母液。按标本染色深浅的不同，将醋酸铜母液用水稀释至 3～4 倍，将溶液倒入大烧杯内加热至 85℃。然后将标本放入，并轻轻翻动，不久材料由绿色变黄、变褐，继续加热直至材料又变成绿色时即可停止加热。取出绿色标本，在清水里漂洗干净，浸入 5％的福尔马林溶液瓶中保存。保存液一定要没过标本。

上述方法中也可用硫酸铜代替醋酸铜，配成饱和的硫酸铜溶液（约 100ml 可溶硫酸铜 6g），用硫酸铜溶液同上述方法处理绿色植物。

针对有些比较薄嫩容易软烂的植物，可以直接浸到饱和醋酸铜 100ml 和醋酸 10～16ml 的混合液中，或者浸到硫酸铜饱和溶液 700ml、福尔马林 50ml、水 250ml 混合液中，浸泡 8～14d 后，取出用水洗净，再浸入 4％～5％的福尔马林保存。

绿色浸渍标本制作，通常先用固定液固定颜色，然后用清水漂洗，最后置于保存液中保存。

2. 红色标本制备法

红色主要是由于其内含有花青素,花青素溶于水,其分子的基本结构是由两个芳香环——A 环和 B 环组成,花青素随着 pH 的变化可使植物的花现出各种颜色;在酸性下可保持红色反应。红色标本的制备方法有两种:

(1)硼酸、酒精、福尔马林液浸制法

取硼酸粉末 45g 溶于 200～400ml 水中,然后加入 75%～90% 酒精 200ml,福尔马林 30ml,混合澄清,用澄清液保存标本。如保存粉红色标本时,须将福尔马林减至微量或不加。

(2)福尔马林、硼酸溶液浸制法

取 4ml 福尔马林、4g 硼酸、400ml 水配置成福尔马林硼酸溶液。选择完整成熟的新鲜果实(如小番茄、樱桃、桃、杏、枣等),洗净后浸入上述溶液中,当果实由红色转为深褐色时取出。浸泡时间一般为 1～3 天,但要视果实的大小、颜色深浅而定。果实取出后直接浸入亚硫酸硼酸保存液(1 份 1% 亚硫酸和 1 份 2% 硼酸配成)中保存,可保持果实原有色泽。

3. 黄色标本制备法

黄色标本的制备方法有两种:

①0.3%～0.5% 的亚硫酸溶液 1000ml,95% 的酒精 10ml,40% 的甲醛 5～10ml 混合液直接保存黄色材料。

②植物的黄色或黄绿色部分,如马铃薯、姜、梨、苹果、金橘、黄金瓜、黄番茄等,把标本浸入 5% 的硫酸铜溶液里 1～2 天取出后用水漂洗干净,再放入由 30ml 6% 的亚硫酸、30ml 甘油、30ml 95% 的酒精和 900ml 水配制成的保存液内浸泡保存。如果浸泡果实,应在浸泡之前先向果实内注射少量保存液。

4. 浸制标本的制备

新制成的浸制标本,在两周内保存液易变色混浊。一旦保存

液变色混浊,应及时更换。为防止标本发生霉变和液体挥发,两周后即可封口,常用的封口方法有以下 2 种:

(1)封口

植物浸制标本装瓶后,瓶口要加盖,用熔化的石蜡涂在瓶口接缝处封口。目的是防止保存液挥发,以及标本发霉变质。封口后,在标本瓶的上方贴上标签,注明名称、产地、制作日期、制作人等。

(2)标本的保存

标本瓶存放在阴凉处,避免阳光直射,这样可以使标本原有的色泽保持较长时间。

3.2.3　干制标本的制作方法

标本最终要干燥、压平。干燥的方法有自然干燥和人工加热干燥。

1. 自然干燥

自然干燥是一个缓慢的过程,采回的标本压在没有通风的标本夹中压制 24 小时,在这个失水期中,植物标本丧失一些水分,使标本变得柔软也便于整理。以后应不时更换压制用的报纸或吸水纸,如遇雨期或空气湿度较大时,每天可更换 2~3 次报纸或吸水纸,更换时应小心转移标本,直至标本完全干燥。根据不同标本和当地天气情况,干燥过程为 10 天到 1 个月。

2. 人工加热干燥

野外压制标本经过失水期后,采用干燥箱或其他加热方式进行干燥。这种干燥方式是一种快速干燥标本的方法,可使标本在短时间内干燥(1~2 天)。这种方法干燥,植物易脆、花易脱落,叶片颜色会发生改变。

标本经过压制和干燥、消毒,就可以装订到标本馆台纸上,经鉴别后进入标本馆。

3.3　药用植物鉴别的方法

　　鉴别未知植物是分类学的一项基本工作。鉴别植物之前是先描述植物,将植物的特征列出来,主要是花的结构。新鲜的材料比较方便描述,干燥的标本可以通过浸泡在水中或喷雾的方法使之柔软。

3.3.1　鉴别的顺序和方法

　　鉴别的顺序应为:科→属→种。

　　对未知植物鉴别的首要步骤为科的确定,检索可以用分类检索表来检索,确定该植物的所属科。鉴别前除详细描述该植物各部特征外,还要了解该植物的产地、分布区。这样可以根据当地资料进行综合分析,进行鉴别。

1. 形态观察

　　对于在野外难以观察的细微特征、难以开展的花的解剖工作,在室内可借助体视显微镜来完成。新鲜的植物材料,应抓紧时间尽快观察和解剖,及时、详细地做好观察记录和花解剖图的绘制工作。在室内需完成腊叶标本的制作,其制作过程要注意标本的完整性和典型性。如果标本的特征不全,应日后加以补采,以便进一步的鉴定和核对工作的开展。除了对植物体的形态观察,还应该了解该植物的产地、分布区等信息,这样就可以结合当地的资料来综合分析进行鉴别。

2. 核对文献

　　标本馆是标本的一个收藏场所,压制或干燥好的植物标本,装订在台纸上,贴上标签,在标本馆中按一定顺序排列,以便查阅或研究。植物标本可通过与标本馆里已鉴别的标本进行核对,并参考现有的文献,将未知植物的描述与已出版分类群的描述比较来鉴别。

植物分类学文献是最古老、最复杂的科学文献之一,对植物鉴别非常重要。这些文献可以帮助鉴别工作者找到一个分类学类群或一个地区的相关文献,其主要文献包括以下几种。

(1)植物志(flora)

植物志是一定地区所有植物的汇总,植物志依据其所涵盖的范围和地区不同分为地方植物志、地区植物志、大洲植物志和世界植物志。

地方植物志包括有限的地理范围,常是一个省、市或一条山脉。如《内蒙古植物志》《北京植物志》《广西植物志》《秦岭植物志》等;地区植物志包括较大的地理范围,常是一个国家或地区,如《中国植物志》《日本植物志》《东北草本植物志》(1~12 卷)等;洲际植物志的覆盖范围为整个大洲,如《欧洲植物志》《北美植物志》等。

(2)专著类

是对某一植物分类群的研究资料汇总,常为一个科、一个属或一个种。如《福州野生兰科植物》、W. R. Dykes 1913 年所著《鸢尾属》(The Genus Iris)、郑太坤等编著的《中国车前研究》等。

(3)手册

所记载内容比较详尽,常具有植物鉴别检索表。植物描述多为记述特殊植物物类群。如《栽培植物手册》(Manual of Cultivated Plants)、《水生植物手册》(Manual of Aquatic Plants)。

(4)图鉴

包括绘图及对绘图的详细分析说明,可以作为鉴别植物的有利工具。如《中国高等植物图鉴》(1~5 册),刘慎谔主编的《中国北部植物图志》,沈阳药科大学编著的《东北药用植物原色图志》等。

（5）期刊

具有快速传递最新科研成果和研究进展的功能,而植物志、手册、专著等的出版要经过多年的收集资料和整理、修订。国内相关的期刊主要有:《Journal of systematics and Evolution》(植物分类学报,英文版)、《植物研究》《广西植物》《武汉植物研究》等。国际上与植物分类相关的主要刊物有:Taxon(International Association of Plant Taxonomy,Berlin);Kew Bulletin(Royal Botanic Gardens,Kew);Plant systematics and Evolution(Denmark);Botanical Journal of Linnaean Society(London);Botanical Magzine(Tokyo)以及 Systematic Botany(New York)等。

（6）其他

《Kew Index》(邱园索引)是至今最重要的参考文献资料,按照字母顺序排列,包含文章出版信息可供参考的分类群。第一期为邱皇家植物园编写出版的两卷(1893—1895),包括 1753—1885 年发表的种子植物属和种的名称。通常每五年定期出版一期《编》(Supplement),到 1985 年共出版了 18 期补编,19 期于 1991 年出版,包括 1986—1990 年的资料,之后《Kew Index》每年出版一期。

《有花植物和蕨类植物词典》(Dictionaryof Flowering Plants and Ferns),由 J. C. Willis 编著,1973 年由 Airy Shaw 出版了第 8 版。书中包括科、属、种的数量、分布等各种信息。

3. 通过专业人员鉴别

需要鉴别的未知标本可以送植物学研究部门或植物标本馆,即由擅长植物类群分类的权威机构进行鉴别,这里的专家具有丰富经验,而且这些机构的文献和资料最全,鉴别起来非常方便,鉴别结果具有权威性。

4. 计算机及互联网在植物鉴别中的应用

（1）在文献资料方面

中国科学院植物研究所建设了中国在线植物志网站,网址为:http://www.eflora.cn/,该网站集合了《中国高等植物图鉴》《中国植物志》《Flora of China》《中国高等植物》《泛喜马拉雅植物志》等文献资料,并有相关的检索查阅功能。同时开发了手机植物志 APP 应用软件,使用更加方便。

(2)在数据库建设方面

近年来,中国科学院植物研究所联合其他单位,陆续建成了"中国自然标本馆(CFH)""中国数字植物标本馆(CVH)""中国植物图像库(PPBC)""中国植物主题数据库"等多个数据库,各数据库均收录了海量的植物图片及文献资料,可提供植物检索、文献查阅等服务,供植物分类研究参考。

(3)在电子目录方面

Taxacom 是非常有代表性的一种,世界各地的植物分类学家纷纷订阅。只要将待鉴定标本的照片、文字描述、绘图等放到目录上就能得到鉴别。更方便的是,相关专家学者可以上网观察植物,发表自己的见解。现在越来越多的人通过这种方式获得来自世界各地专家学者的帮助。

(4)在线鉴定植物程序的出现

近年来出现了许多在线鉴定植物的程序,如哈佛大学标本馆编辑中心(Herbaria Editorial Center)开展的"ActKey"项目,该项目是基于网络的互换式鉴定检索,可为中国、北美等地提供全世界植物的检索,网址是:http://flora.huh.havard.edu:8080/actkey/index.jsp。

(5)检索表的机检

二岐检索表可被输入计算机中,以人机对话的方式运行一个设计好的步骤多的程序来检索。程序从检索表的第一个成对性状开始运行,询问未知植物的特征和提供的信息,提问相关问题,直到最终鉴定出结果。

(6)检索与特征比对同时进行的鉴定方法

事先将未知植物的全部特征存储在计算机中,在检索时计算机的程序将其与特定分类群的描述做比较,提出与哪个分类群相吻合的建议。在不能提供全部特征信息的情况下,计算机程序会提出鉴定的建议。这种比较如果由人工完成是费时费力的,但计算机在几秒钟之内就可以完成。

(7)自动识别模式系统

计算机技术现在已经发展到全自动识别的阶段。计算机与光学扫描器相结合,可以观测和记录未知标本的特征,通过与已知植物的比较,可以得出鉴定结论。

3.3.2　核对标本

如果有条件的话,可以到标本馆或标本室去核对已经鉴定的标本。这样可以为植物正确的定名提供重要参考。由于植物的分布区、生长期、采集季节的不同等原因,植物形态会有一定的差异,即使同一植株也有可能存在变异,因此在核对时,有可能不完全相符,即使叶形等特征差异不大,也不能说明二者不是同种植物,应分清哪些是主要特征,哪些是次要特征,更应进一步仔细核对繁殖器官的特征。对于缺少繁殖器官的标本,一般较难鉴定且容易出差错,应待收集到繁殖器官后再鉴定,这样才较为可靠。核对标本的方法要求标本馆或标本室已定名的标本必须鉴定正确,否则容易以讹传讹,有一定的局限性。

3.3.3　深入研究

在植物鉴定过程中,如果应用了以上的方法,鉴定仍然存在困难,则需要进一步查阅原始文献(即第一次发现该种植物的作者进行特征描述的文献)和模式标本。《邱园索引》可以提供有花植物原始文献的出处。如个人无法解决时,可以将未知标本送至植物分类学的研究机构请求专家帮助鉴定。

3.3.4　应该注意的问题

1. 标本的典型性与完整性

植物标本在采集时就要注意典型性和完整性,这样才有利于鉴定。植物除了要采集营养器官外,花、果实、种子等繁殖器官也要采集,鉴于花特征的重要性,应仔细地进行花的解剖并作详细的记录。

2. 按顺序、对照查阅检索表

检索表查阅时要按照相符合的项下的顺序查下去,决不能越过一项去查另一项;应两项对照查阅,决不能只看一项而忽略对比另一项,否则极易发生错误。

3. 核对文献资料

为保证鉴定结果的正确性,应收集相关资料进行核对。如未知植物的产地和分布区就很重要,应收集当地或周边的资料进行核对。未知植物的特征与相关资料的文字描述、图片信息是否一致,如全部符合则鉴定正确,如有不符还需进一步分析研究。

第二篇 药用植物的分类

第4章 药用植物分类的概述

植物分类学是研究整个植物界不同类群的起源、亲缘关系和演化发展规律的学科。将植物分类学的原理和方法运用到药用植物领域,就可以将自然界各种各样的药用植物进行鉴定、分群归类、命名并按系统排列起来,便于认识、探索和利用。掌握了药用植物分类知识,可以准确鉴定中药、民间药、民族药及天然药物的原植物种类,保证药物研究和中药探索的可靠性;利用植物之间的亲缘关系,探寻紧缺中药的代用品和新资源;为药用植物资源调查、利用、保护和栽培提供依据;并有助于进行国际交流。

4.1 植物分类的发展

4.1.1 形态及结构方面的研究

传统植物形态结构的研究,因新技术的引入,又进入了新的研究方向。各分类群的性状是非常重要的,特别是原始与进化的性状,由于植物各部器官的演化不是同步的,因此,植物生殖器官较营养器官的特征更稳定,是植物分类的主要依据,如豆科植物的雄蕊和心皮,十字花科、蔷薇科和伞形科的果实特征、菊科和禾木植物的苞片、花、花序等。一般而言,花各方面特征的演化趋势如表 4-1 所示。

表 4-1　演化过程中被子植物花结构的变化

花的结构	发展方向
花萼	1. 数目减少到 3、4 或 5 个,且单轮排列 2. 在某些科中,其大小和形态向有利于种子传播的方向简化 3. 在某些科中,相邻的萼片合生为管状,甚至变为二唇形 4. 花萼弯曲贴附于发育中的果实,提供更进一步的保护
花冠	1. 简化为一轮,具 3、4 或 5 个 2. 相邻花瓣合并成管状,在高度进化的昆虫传粉植物中变为二唇形或其他两侧对称的类型。这不仅为昆虫提供了"登陆台",而且对花药和柱头来说有防御气候变化的作用 3. 与蜜腺和距有关的发育
雄蕊	1. 数目减少 2. 从螺旋排列到轮生 3. 两个花粉囊合并为一个 4. 花药从基着发展为背着或丁字着生 5. 由花药纵裂发展为适于传粉的孔裂或横裂 6. 药隔发育成花瓣状的附属物,如美人蕉科和杜鹃花科等 7. 花丝合生(如棉葵科,豆科)或花药合生(如菊科、兰科、苦苣苔科)
雌蕊	1. 由离生多心皮发展为心皮合生 2. 中轴胎座和侧膜胎座,而特立中央胎座则源于中轴胎座,基底和顶端胎座起源于前三种胎座 3. 由多胚珠演化为少或单胚珠 4. 倒生胚珠发展为直立胚珠或弯生胚珠 5. 两层珠被经合并或一层消失而发展为一层 6. 厚珠心类型发展为薄珠心类型

　　植物分类不仅研究植物形态特征,同时也对解剖学和发育生物学等特征进行研究。随着电子显微镜技术用于植物分类学研究,产生了超微结构分类学(Uhrastructural Tax-onomy),用扫描电镜(SEM)对孢粉、叶片、种子和果实表面进行研究。

例如,紫苏与白苏的学名,长期分合不定,近代分类学者 E. Merrill 认为紫苏与白苏为同一种植物,其变异是因栽培而引起,《中国植物志》中采用了 E. Merrill 的意见,将紫苏和白苏合为一种,均用白苏的学名 *Perilla frutescenss(L.)Britt.*,然而这两种植物自古即是分开的,古书上称叶全绿的为白苏,叶两面紫色或面青背紫的为紫苏。为弄清这个问题,有学者采用多学科进行综合比较的研究,通过对其花粉的扫描电镜观察,紫苏花粉为球形、长球形,稍小,萌发沟明显,且较宽。白苏花粉为球形或近球形,稍大,萌发沟不明显。再结合花、果实的形态特征,种子的凝胶电泳蛋白谱带及挥发油中的主要化学成分等均具明显差异,因此将两者分开是合适的,白苏学名应为 *Perilla frutescens*(L.)Britt.。紫苏学名应为 *P. frutescens*(L.)Britt. Var. *arguta*(Benth.)Hand. Mazz.。又如花椒属(*Zanthoxylum*)植物我国有约 50 种,除 2 种为正品花椒果实入药外,全国各地有约 20 种植物花椒的果实与正品花椒混用或代用,通过扫描电镜对各种花椒果实的表皮、气孔、角质层纹理、果柄毛茸、果柄纹理特征观察,对鉴别花椒果实具有显著意义。

4.1.2 数量分类学

数量分类学(numerical taxonomy)是将数学、统计学原理和电子计算机技术应用于生物学的一门边缘学科,又称数值分类学。是用数量方法评价有机体类群之间的相似性,并根据这些相似值把类群归成更高阶层的分类群。数量分类学以表型特征为基础,利用有机体大量的性状和数据,包括形态学、细胞学、生物化学等各种性状,按照一定的数学程序,用电子计算机作出定量比较,客观反映出各类群的相似关系和进化规律。例如选取黄精属(*Polygonatum*)28 个形态性状、细胞学性状、化学性状,对东北地区黄精属 8 种植物进行数量分类学研究,结果表明:黄精属应分为二类:一类是黄精、热河黄精、狭叶黄精、毛筒玉竹,可作黄精类药材，另一类是玉竹、小玉竹、春水玉竹、二苞黄精，可作玉竹类药材；通过分析，热河黄精与黄精的相似程度最大，结合药理学研究，将热河黄精作为中药黄精的原植物之一是合理的；春水玉竹是否做一独立种，一直在争论，经过研究分析，支持春水玉竹做为独立种的观点。有学者选取了人参属 52 个形态性状和细胞学与化学性状，对中国人参属 10 个种和变种进行了数量分类学研究，进一步证明人参属分为两个类群基本上是合理的，达玛烷型皂苷的含量与根、种子和叶的锯齿性状有密切相关性。种子大、根肉质肥壮、叶的锯齿较稀疏，达玛烷型四环三萜含量就高；齐墩果酸型皂苷的含量与果实、根茎节间宽窄、花序梗长（花序梗长与叶柄长之比）有关，节间宽、花序梗远较叶柄长的含量也高。这些研究为人参属植物的应用提供了有益的提示。

4.1.3　化学分类学

植物化学分类学（chemotaxonomy）是以植物的化学成分为依据，研究各类群间的亲缘关系，探讨植物界演化规律，也可以说是从分子水平上来研究植物分类及其系统演化。植物化学分类学的主要任务是研究植物各类群所含化学成分和合成途径；研究化学成分在植物系统中的分布规律以及在经典分类学的基础上，从植物化学组成所反映出来的特征，并结合其他有关学科，来进一步研究植物分类与系统发育。近 40 多年研究证明，化学证据有助于解决从种以下分类单位，一直到目一级的分类单位系统发生的问题。用植物化学方法来研究分类，主要是植物的次生代谢产物，如生物碱、苷类、黄酮类、香豆素类、萜类与挥发油等。这些成分在植物体中有规律地分布，成为有价值的分类性状。例如最著名的例子是关于甜菜拉因（betalain）色素的研究，甜菜拉因只分布在中央种子目中，该目包括商陆科、紫茉莉科、粟米草科、马齿苋科、苋科、番杏科、落葵科、仙人掌科、刺戟草科、石竹科、藜科，而该目中的石竹科和粟米草科不含甜草拉因含有花色甙，因此很多学者认为应将石竹科和粟米草科分出，另立石竹目，得到大家的认同。又如百合科铃兰属（*Convallaria*）植物分布于欧亚本绪，共有 2 种，铃兰（*C. keiskei*）和欧洲铃兰（*C. majalis*），两者是合并还是保持两种一直受到争论，通过对其所含黄酮类成分的研究，发现亚洲所产铃兰含有金丝桃苷（hyperin）和铃兰黄酮苷（keioside），而欧洲铃兰不含，结合形态特征和地理分布，两者可明显区分。这样，我国所产铃兰学名应为 *Convallariakeiskei*，与欧洲铃兰是不同的种。青冈属（*Cyclobalanopsis*）与栎属（*Quercus*）的分合是栎属系统演化中长期争论的问题。经过化学成分研究，栎属中所含有的化学成分，如粘霉醇、广寄生苷、山奈酚-3-O-β-D 半乳吡喃糖苷、槲皮素-3-O-β-D-木糖吡喃苷等成分与青冈属基本相同，通过薄层分析表明两者关系十分密切。再结合花粉、叶片、总苞等特征，表明青冈属与栎属是一个自然类群，支持将青冈属归入栎属中，作为属下等级青冈亚属的处理。

4.1.4 细胞分类学

细胞分类学（cytotaxonomy）是利用细胞染色体资料来探讨分类学的问题。从 20 世纪 30 年代初开始，人们开展了细胞有丝分裂时染色体数目、大小和形态的比较研究，染色体的数目在各类植物中是不同的，对约 47% 有花植物已有染色体数目的统计，一般种子植物染色体数为 $n=7\sim12$，蕨类植物染色体数为 $n=25\sim42$，被子植物最原始科的染色体基数是 7 或稍多于 7，个别低于 7，一般较为原始种类的染色体数目在 $2n=28$ 和 $2n=86$ 之间，细胞学资料结合其他特征对科、属、种的分类具有参考意义，例如牡丹属（*Paeonia*）以前放在毛茛科中，但该属的染色体基数为 $x=5$，个体较大，与毛茛科其他各属的基数不同，结合其他特征，将该属从毛茛科中分出，并独立成为芍药科，被广大分类学者普遍接受，最近的一些系统还设立芍药目（Paeoniales）。染色体形态和核型分析及染色体的配对行为，对种群之间关系及其演化也是很有价值的证据。

4.1.5 实验分类学

用实验方法研究物种起源、形成和演化的学科为实验分类学（experimental taxonomy）。经典分类方法无法对真实存在的种，进行准确、真实、客观的反映,往往会忽略物质习性将受到生态条件的影响,通常以生态类型所产生的形态变化作为分类依据,难以进行分类,实验分类研究便能很好地解决此类问题。例如:瑞典植物学家杜尔松（Turesson）注意到一些海岸植物,植物体为匍匐生长,而同一种植物生在平原地区是直立的,他把这两种类型植物种植于平原的实验地内,在同样的生长环境和同样长的时间内,发现海岸来的植株仍匍匐生长,平原来的植株直立生长,保持各自固有形态,经过改变生态条件进行移栽实验,他认为同一种的不同种群（居群）在适应性上有差别,而且比较稳定,可以叫不同的"生态型"。后来较多学者证实和丰富了杜尔松的观点,因此实验分类学与生态学、遗传学是密切相关的。实验分类还进行物种的动态研究,探索一个种在其分布区内,由于气候及土壤等条件的差异,所引起的种群变化,用实验分类学来验证划分种的客观性;实验分类学用种内杂交及种间杂交,来验证自然界种群发展的真实性。这些研究促进了物种生物学和居群生物学的产生和发展。

4.2 药用植物的分类等级

植物分类设立了不同单位,又称为分类等级。分类等级的高低常以植物之间亲缘关系的远近,形态相似性和构造的简繁程度来确定。

4.2.1　植物的分类单位

植物界的分类单位从大到小主要有：门、纲、目、科、属、种。门是植物界中最大的分类单位，种是植物分类的基本单位。门下分纲，纲下分目，目下分科，科下有属，属下为种。

在各分类单位之间，有时因范围过大，还增设一些等级，如亚门、亚纲、亚目、亚科、亚属、亚种等。

植物分类的各级单位，均用拉丁词表示，有的有特定的词尾。门的拉丁名词尾一般加-phyta，如蕨类植物门 Pteridophyta；纲的拉丁名词尾一般加-opsida，如百合纲 Liliopsida；目的拉丁名词尾加-ales，如芍药目 Paeoniales；科的拉丁名词尾加-aceae，如龙胆科 Gentianaceae；亚科的拉丁名词尾加-oideae，如蔷薇亚科 Rosoideae 等。

某些单位的拉丁名词尾与上述规定不同，但现在仍在使用，原因是习用已久，国际植物学会将其作为保留名。如双子叶植物纲 Dicotyledoneae 和单子叶植物纲 Monocotyledoneae 的词尾未用-opsida；十字花科 Cruciferae，豆科 Ldguminosae，藤黄科 Guttiferae，伞形科 Umbelliferae，唇形科 Labiatae，菊科 Compositae，棕榈科 Palmae，禾本科 Gramineae 等科的词尾未用-aceae。

4.2.2　种及种以下的单位

种（species）：是生物分类的基本单位。种是具有一定的自然分布区和形态特征及生理特性的生物类群。在同一种中的各个个体具有相同的遗传性状，彼此交配（传粉授精）可以产生能育的后代。种是生物进化和自然选择的产物。

种以下除亚种（subspecies）外，还有变种（varietas），变型（forma）的等级。

亚种：一般认为是一个种内的类群，在形态上多少有变异，并具有地理分布上、生态上或季节上的隔离,这样的类群即为亚种。属于同种内的两个亚种,不分布在同一地理分布区。

变种:是一个种在形态上多少有变异,而变异比较稳定,它的分布范围比亚种小得多,并与种内其他变种有共同的分布区。

变型:是一个种内有细小变异,如花冠或果的颜色、被毛情况等,且无一定分布区的个体。

品种:只用于栽培植物的分类上,在野生植物中不使用这一名词,因为品种是人类在生产实践中定向培育出来的产物,具有区域性,并具有经济意义。如药用植物地黄的品种有金状元、小黑英、北京一号、北京二号等。药材中称的品种,实际上既指分类学上的"种",有时又指栽培的药用植物的品种而言。

现以乌头为例示其分类等级如下。

界 ············ 植物界 Regnun vegetabile

门 ············ 被子植物门 Angiospernae

纲 ············ 双子叶植物纲 Dicoty ledomeae

目 ············ 毛茛目 Ranales

科 ············ 毛茛科 Ranunculaceas

属 ············ 乌头属 Aconiturm L.

种 ············ 乌头 Aconiturm carmichaeli Debx.

4.3 植物的命名法

人类为了认识和区别自然界的各种生物,用自己的文字给动植物以各种名称。但是,不同的国家、不同民族对同一种生物常常有不同的名称。例如铃兰,在英国叫 lily of thevally,在法国叫 muguet,在德国叫 maiblume,在苏联叫 landysh 等。这样容易造成名称的混乱,也不便于国际交流,往往还会出现同物异名或同名异物的现象,因此植物的科学命名非常重要。动植物命名是对一种植物或一个分类群给出科学、合理名称的过程。植物的科学命名依赖于科学的分类单位,再由不同的分类单位组成分类系统,也就是分类的等级。

植物分类等级是表示每一种植物在分类系统的地位和归属,表示植物间类似的程度、亲缘的远近。植物分类将具有一定共同特征的种组成了遗传组成上相关的属;同样,再把具有一定共同特征的属归成范围更大的科,以此类推,将各分类等级按其从属关系排列起来,就是分类的阶层系统(hierarchy)。分类单位的主要等级自下而上依次是种(species)、属(genus)、科(familia)、目(ordo)、纲(classis)、门(divisio)和界(regnum)。这样,每个种隶属于某个属,每个属隶属于某个科,每个科隶属于某个目,每个目隶属于某个纲,最后是植物界最大的分类单位门。如果植物种类众多,需要有更多的分类等级时,可在各级前添加前缀"亚"(sub),如亚界(subregnum)、亚门(subdivisio)、亚纲(subclassis)、亚目(sub-ordo)、亚科(subfamilia)、亚属(subgenus)、亚种(subspecies)。有时亚科下还有族(Tribus)、亚族(subtribus);亚属下有组(sectio)、亚组(subsectio)、系(series)、亚系(subseries)等(表 4-2)。

表 4-2　植物的分类等级

汉文	拉丁文	词尾	英文	举例
界	**Regnum**	-bionta	**Kingdom**	植物界
门	**Divisio(Phylum)**	-phyta	**Phylum**	种子植物门
亚门	Subdivisio	-phytina	Subphyllum	被子植物门
纲	**Classis**	-opsida,-eae	**Class**	单子叶植物纲
亚纲	Subclassis	-idea	Subclass	百合亚纲
目	**Ordo**	-ales	**Order**	百合目
亚目	Subordo	-ineae	Subordel	
科	**Familia**	-aceae	**Family**	百合科 *Liliaceae*
亚科	Subfamilia	-oideae	Subfamily	

续表

汉文	拉丁文	词尾	英文	举例
族	Tribus	-eae	Tribe	百合族 *Lilieae*
亚族	Subtribus	-lnae	Subtribe	
属	**Genus**	-us,-a,-um	**Genus**	百合属 *Lilium*
亚属	Subgenus		Subgenus	
组	Sectio		Sectlon	百合组 *Lilium*
亚组	Subsectio		Subsection	
系	Series		Series	
亚系	Subse ries		Subseies	
种	**Species**		**Species**	野百合 *Lilium brownii*
亚种	Subspecies		Subspeies	
变种	Varietas		Variety	百合 *Lilium brownie var. viridulum*
亚变种	Subvarietas		Subvariety	
变型	Forma		Form	
压变型	Subforma		Subform	

名称上的词尾表明了其所在的等级:-bionta 代表界,-phyta 代表门,-phytina 代表亚门,-opsida 代表纲,-opsidae 或者-idea 代表亚纲,-ales 代表目,-ineae 代表亚目,-aceae 代表科。科的名称是该科中的一个属的合法名称的词干上添加词尾-aceae,如松科 Pinaceae 是由该科松属 Pinus 的词干 Pin-加上词尾-aceae 构成。另外有八个科名,不具有-aceae 词尾,但由于长期使用而被认可,作为保留名而应用,按照《国际植物命名法规》的规定与规范名称可以互用。

4.3.1　植物种名的组成

《国际植物命名法规》规定了植物学名必须用拉丁文或其他文字加以拉丁化来书写。植物种的名称采用了林奈（Linneaus）倡导的"双名法"，由两个拉丁词组成，前者是属名，第二个是种加词，后附以命名人的姓名。种的完整的学名包括 3 部分：属名、种加词和命名人。

1. 属名

植物的属名既是科级名称构成的基础，也是种加词依附的支柱，还是一些化学成分名称的构成部分，如蔷薇属的学名为 *Rosa*，蔷薇科的学名 Rosaceae 是由蔷薇属 *Rosa* 加上科的拉丁词尾-aceae 组合而成；植物玫瑰的学名 *Rosa rugosa* Thunb. 是由属名 *Rosa* 加上种加词 *rugosa* 和命名人 Thunb. 组成；化学成分、野蔷薇葡糖酯 rosamultin 等都是由蔷薇属名 Rosa 加上特定的拉丁词尾组合而成。

属名使用拉丁名词的单数主格，首字母必须大写。如人参属 *Panax*，芍药属 *Paeonia*、黄连属 *Coptis*、乌头属 *Aconitum* 等。

2. 种加词

植物的种加词用于区别同属不同种。种加词多数为形容词，也有的是名词。种加词的字母全部小写。

形容词作为种加词时，性、数、格必须与属名一致，如掌叶大黄 *Rheum palmatumL*、黄花蒿 *Artemisia annuaL*、当归 *Angelica sinensis*（Oliv.）Diels 等。

名词作为种加词时，有同格名词和属格名词两类，同格名词如薄荷 *Mentha haplocalyx* Briq.、樟树 *Cinnamomum camphora*（L）Presl. 等，属格名词如掌叶覆盆子 *Rubus chingii* Hu、高良姜 *Alpinia of ficinarum* Hance 等。

3. 命名人

在植物学名中,命名者的引证,一般只用其姓。如同姓者研究同一门类植物,为便于区分,则加注名字的缩写词以便区分。引证的命名人姓名,要用拉丁字母拼写,每个词的首字母大写。我国的人名姓氏,现统一用汉语拼音拼写。命名者姓氏较长时,可以缩写,缩写之后加缩略点".."。共同命名的植物,用 et 连结不同作者。如某研究者创建了一个植物名称未合格发表,后来的特征描述者在发表该名称时,仍把原提出该名称的作者作为命名者,引证时在两作者之间用 ex 连接。如银杏 *Ginkgobiloba L* 学名的命名者为 Carolus Linnaeus,"L"是姓氏缩写;紫草 Lithospermum erythrorhizon Sieb. et Zucc. 学名的命名者是 P. F. von Siebold 和 J. G. Zuccarini 两人;延胡索 *Corydalis yanhusuo* W. T. Wang ex Z. Y. Su et C. Y. Wu 学名是王文采(Wang Wen-tsai)创建,后由苏志云(Su Zhi-yun)和吴征镒(Wu Zheng-yi)描写了特征并合格发表。

4.3.2　种下等级的命名(三名法)

三名法是用来对种下等级进行命名的方法。种下等级在动物中只有亚种,在植物中有亚种、变种、变型。

种下等级的名称由种名和种下等级加词组合而成,其间用指示等级的术语相连。指示等级的术语有以下几种。

Subspecies　亚种　缩写为 subsp. 或 ssp.

Varietas　　变种缩写为 var.

Forma　　　变型缩写为 f.

种下等级加词和种加词相同,若为形容词时,在语法上要和属名保持一致。

例如 *Viola philippica* Cav. ssp. *mun -da* W. Beck. 紫花地丁

Lilium brownii F. E. Brown. var. *viridulum* Backer 百合

Fritillaria maximowiczii f. *flaviflora* aQ. S. Sun et H. Ch. Luo

黄花轮叶贝母

　　在动物命名中,亚种是种级以下唯一被承认的分类等级,所以亚种加词之间常省略 subsp.,直接将亚种加词写在种加词之后。

　　例如 *Bufo bufo gargarigans* Cantor 中华大蟾蜍

　　Bos taurus domesticus Gmelin 指示等级术语亚种、变种、变型(subsp. var. f.)符号的第一个字母用小写,整个符号用正体,不用斜体。

4.3.3　栽培植物的分类等级

　　对栽培植物而言,在种以下,ICNCP 承认的栽培植物分类等级只有两个,即品种(cultivar)和品种群(group)。但是对于兰花的品种分类而言,法规还规定了仅供兰花分类学家们使用的、关于兰花命名的特殊条款即品种群的特殊形式——"特定亲本杂交群"(grex)。需要说明的是,2004 年的第七版法规取消了嫁接嵌合体(graft chimaera)这一等级。由此,我国在栽培植物品种分类中曾经在种以下广泛使用的其他术语和等级,如系(Series)、组(Section)、型(Form、Type)、类(Branch、Division)、亚类(Subgroup)等都是违背法规精神的,不宜继续使用。

4.3.4　品种的命名

　　①ICNCP 规定:栽培植物品种的名称,是由它所隶属的属或更低分类单位的正确名称加上品种加词共同构成。

　　②品种加词中每一个词的首字母必须大写,品种的地位由一个单引号('…')将品种加词括起来而表示,而双引号("…")、缩写"cv."、"var."不能用于品种名称中。

　　③为了区分种名(属名和种加词)、品种群名称和品种加词,种名按照惯例采用斜体,品种加词则采用正体。因此,品种加词

至少应该与属的名称相伴随。例如,桂花品种'笑靥'的学名应该写作 *Osmanthus fragrans* 'Xiaoye',而 *Osmanthus fragrans* "Xiaoye" *Osmanthus fragrans* cv. Xiaoye 或者 *Osmanthus fragrans* var. Xiaoye 都是不正确的书写方法。

4.3.5 学名的重新组合

在植物学名的加词之后有一括号,表示该学名为重新组合而成。重新组合时,保留的原命名人被置于括号之内。如紫金牛 *Ardisia japonica* (Hornst.) Blume 的学名,括号内为原命名人,曾建立 *Bladhia japonica* Hornst 作为紫金牛的学名,后来 Karl Ludwig von Blume 将紫金牛列入 *Ardisia* 属中,经重新组合而成现在的学名。

4.4 植物界的分门别类

现在地球上存在的植物,大约有 55 万种以上。对数目如此众多,相互间千差万别的植物进行研究,首先要掌握它们的性质、特征,然后根据各植物间的相似性进行分门别类。植物界的分门目前有多种分类方法,不同的学者提出了不同的分门方法,有的分成 16 门,有的分成 15 门,有的分成 18 门等。

本书根据目前植物分类学常用的分类法,将植物界分为 16 门,即:藻类 8 门、菌类 3 门、地衣 1 门、苔藓 1 门、蕨类 1 门,种子植物 2 门,如图 4-1 所示。

各门植物之间,具有亲缘远近之分。可根据它们的共同点分成若干类。例如,从蓝藻门到褐藻门,它们大多为水生,具有光合作用的色素,属于自养植物,将这 8 门植物统称为藻类(Algae)。细菌门、黏菌门和真菌门,它们不具光合作用色素,大多营寄生或腐生生活,将这 3 门合称为菌类植物(Fungi)。地衣门是藻类和

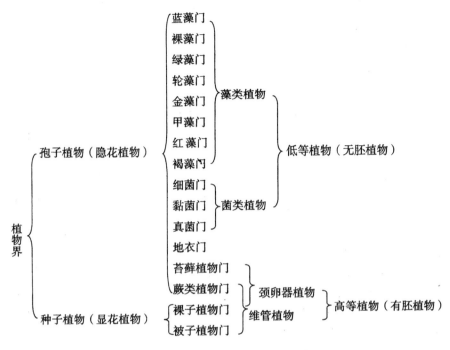

图 4-1　植物分类学常用的分类法

菌类的共生体。藻类、菌类、地衣又合称为低等植物（Lower plant），苔藓、蕨类、种子植物合称为高等植物（Higher plant）。低等植物在形态上无根、茎、叶分化，构造上一般无组织分化，生殖器官单细胞，合子发育时离开母体，不形成胚，故又称无胚植物（non-embryophyte）。高等植物在形态上有根、茎、叶的分化，构造上有组织分化，生殖器官多细胞，合子在母体内发育形成胚，故又称有胚植物（embryophyte）。藻类、菌类、地衣、苔藓、蕨类植物都用孢子进行繁殖，所以叫孢子植物（spore plant）。由于它们不开花、不结实，又称为隐花植物（cryptogamia）。裸子植物和被子植物都用种子进行繁殖，所以叫种子植物（seed plant）。又因种子植物能开花结实，又称显花植物（phanerogamae），其中被子植物又称有花植物（flowering plant）。从蕨类植物起，到种子植物都有维管系统，称维管植物（vascular plant）。藻类、菌类、地衣、苔藓植物无维管系统，称无维管植物（non-vascular plant）。苔藓植物门与蕨类植物门的雌性生殖器官，都以颈卵器（archegonium）的形式出现，在裸子植物中，也有颈卵器退化的痕迹，这三类植物又合称为颈卵器植物（archegoniatae）。

4.5　植物分类检索表的编制及使用

检索表的编制是采用二歧归类的原则进行的，首先对所要检索的各个对象的有关习性、形态特征等深入了解后，找出一对相对立或相矛盾的特征，通过这一对特征将所有的检索对象分为两大类，编制相应的项号，在每一大类里按照以上相同的原理再分为两大类，依次编制相应的项号，依此类推，逐级往下，直到完成所有的归类工作，最终达到区分这些植物种类或植物类群的目的。

植物检索表根据检索对象的不同可分成不同的门、纲、目、科、属、种等分类单位的检索表，也可有亚纲、亚科、族等相应次一级的检索表。

检索表的格式一般有 3 种，即定距检索表、平行检索表和连续平行检索表。其中定距检索表最为常用，平行检索表次之，连续平行检索表用得极少，现以植物界 6 大植物类群的分类为例说明如下。

4.5.1　定距检索表

将每一对互相矛盾的特征分开间隔在一定的距离处，而注明同样的号码，如 1-1,2-2,3-3 等依次检索到所要鉴定的对象。

1. 植物体无根、茎、叶的分化，没有胚胎 ………… 低等植物
2. 植物体不为藻类和菌类所组成的共生复合体。
3. 植物体内有叶绿素或其他光合色素，为自养生活方式 …
………………………………………………………… 藻类植物

3. 植物体内无叶绿素或其他光合色素，为异养生活方式 …
……………………………………………………………… 菌类植物

2. 植物体为藻类和菌类所组成的共生复合体…… 地衣植物

1. 植物体有根、茎、叶的分化，有胚胎 ……………… 高等植物

4. 植物体有茎、叶而无真根 ……………………… 苔藓植物

4. 植物体有茎、叶，也有真根。

5. 不产生种子，用孢子繁殖 …………………………… 蕨类植物

5. 产生种子，用种子繁殖 ……………………………… 种子植物

4.5.2　平行检索表

将每一对互相矛盾的特征紧紧并列，在相邻的两行中也给予一个号码，而每一项条文之后还注明下一步依次查阅的号码或所需要查到的对象。

1. 植物体无根、茎、叶的分化，无胚胎………（低等植物）(2)

1. 植物体有根、茎、叶的分化，有胚胎………（高等植物）(4)

2. 植物体为菌类和藻类所组成的共生复合体…… 地衣植物

2. 植物体不为菌类和藻类所组成的共生复合体 ………（3)

3. 植物体内含有叶绿素或其他光合色素，为自养生活方式
……………………………………………………………… 藻类植物

3. 植物体内不含有叶绿素或其他光合色素，为异养生活方式
……………………………………………………………… 菌类植物

4. 植物体有茎、叶，而无真根…………………… 苔藓植物

4. 植物体有茎、叶，也有真根 …………………………（5）

5. 不产生种子，用孢子繁殖 …………………………… 蕨类植物

5. 产生种子，以种子繁殖 ……………………………… 种子植物

4.5.3　连续平行检索表

将一对相互矛盾的特征用两个号码表示，如 1(6) 和 6(1)，当

查对时,若所要查对的植物性状符合时就向下查2,若不符合时,就查6,如此类推向下查对一直到所需要的对象。

1.(6)植物体无根、茎、叶的分化,无胚胎 ………… 低等植物

2.(5)植物体不为藻类和菌类所组成的共生复合体。

3.(4)植物体内有叶绿素或其他光合色素,为自养生活方式
………………………………………………… 藻类植物

4.(3)植物体内无叶绿素或其他光合色素,为异养生活方式
………………………………………………… 菌类植物

5.(2)植物体为藻类和菌类所组成的共生复合体 …………
………………………………………………… 地衣植物

6.(1)植物体有根、茎、叶的分化,有胚胎 ……… 高等植物

7.(8)植物体有茎、叶,而无真根 苔藓植物

8.(7)植物体有茎、叶,有真根。

9.(10)不产生种子,用孢子繁殖 ……………… 蕨类植物

10.(9)产生种子,用种子繁殖 ……………… 种子植物

在应用检索表鉴定植物时,必须首先将所要鉴定的植物各部形态特征,尤其是花的构造进行仔细解剖和观察,掌握所要鉴定的植物特征,然后与检索表上的特征进行比较,如果与某一项记载相吻合则逐项往下查阅,否则应查阅与该项对应的另一项,依此类推,直至查阅出该植物所属的分类群。检索完毕必须将植物标本与文献记载的该分类等级的诸多特征进行核对,两者完全相符时方可认为正确。

第5章 药用菌类与药用地衣

菌类和地衣类植物都属于低等植物的范畴,它们的共同点是植物体构造较为简单,没有根、茎叶的分化,由单细胞核进化成多细胞组成群体;繁殖器官是单细胞,直接跳过胚的阶段,由合子(受精卵)直接发育成新的植株。

5.1 菌类与地衣的基础知识

5.1.1 菌类的基础知识

1. 菌类植物的概述

菌类植物分为细菌门、黏菌门、真菌门。真菌门中的大型真菌多是常用的中药植物,故本节主要介绍真菌门。

2. 真菌的概述

真菌有细胞壁和细胞核,没有质体,不含叶绿素,不能进行光合作用制造养料,是典型的异养植物。

真菌的细胞壁主要由几丁质和纤维素组成,贮藏的营养物质是肝糖、油脂和菌蛋白,而不含淀粉。

(1)真菌的菌丝

真菌的菌丝在一些较为恶劣的环境下,可以形成不同的菌丝组织,根据形状特点,一般可分为以下几类。

①根状菌索。真菌菌丝纠结成绳索状，从外表面看与根类似，主要由疏丝组织组成，顶端有一个生长点，如蜜环菌。

②菌核。真菌菌丝形成的一种核状体，质地较硬，大小不一，并且组织内储存有大量的养分，是真菌渡过不良环境的养分基础。

③子实体。子实体是高等真菌在生殖时产生的一类菌丝体，这类菌丝体拥有不同的形态和结构，如蘑菇的子实体为伞形，马勃的子实体为球形，猴头菌的子实体外形似猴头。子实体的特点是可以产生孢子。

④子座。真菌在营养生长阶段向繁殖阶段过渡时，由菌丝密结形成子座，是用于容纳子实体的菌丝褥座状结构，如冬虫夏草菌体上的棒状物。

（2）真菌的繁殖

真菌的繁殖方式有营养繁殖、无性生殖和有性生殖三种。

1）营养繁殖

营养繁殖是指真菌通过菌丝断裂和细胞分裂形成特殊的繁殖细胞，有厚壁孢子繁殖、芽生孢子繁殖和节孢子繁殖三种。

①厚壁孢子是菌丝中部分细胞膨大形成休眠孢子，其原生质浓缩，细胞壁加厚，度过不良环境后再萌发成菌丝体。

②芽生孢子是从营养细胞出芽形成，当芽生孢子脱离母体后，即长成一个新个体。

③节孢子是由菌丝细胞的依次断裂形成。

2）无性生殖

无性生殖是指营养体不经过核配合减数分裂产生后代个体，而直接由菌丝分化产生各种类型的孢子，由孢子直接形成新个体。

3）有性生殖

有性生殖是指通过生殖细胞的有性结合产生休眠孢子、接合孢子、子囊孢子、担孢子等有性孢子。

3. 真菌的分类

真菌是生物界中很大的一个类群，通常分为 4 纲，即藻状菌纲、子囊菌纲、担子菌纲和半知菌纲。

根据真菌生殖方式的不同,将真菌分为 5 个亚门,即鞭毛菌亚门、接合菌亚门、子囊菌亚门、担子菌亚门、半知菌亚门,药用较广的是子囊菌亚门和担子菌亚门。

(1)鞭毛菌亚门

鞭毛菌亚门(Mastigomycotim)多为单细胞,少数为丝状体,菌丝无横隔壁,细胞多核,细胞壁主要由纤维素组成。目前暂且没有发现可以作为常见的药用植物的品种。

(2)接合菌亚门

接合菌亚门(Zygomycotina)有发达的菌丝体,菌丝无隔,多核,细胞壁由几丁质组成。大多数分布在土壤或有机质丰富的基物中,也有一部分寄生于人类、动植物体内。目前暂且没有发现可以作为常见的药用植物的品种。

(3)子囊菌亚门

子囊菌亚门(Ascomycotina)是真菌中种类最多的一个亚门,种类繁多,有 10000 多种。因其构造和繁殖方法都很复杂,与担子菌亚门同属高等真菌。

子囊菌亚门最主要的特征就是有性生殖时形成子囊,合子在子囊内进行减数分裂,产生子囊孢子,可以发育成新个体。

子囊包于子实体内,也称作子囊果,一般分为如图 5-1 所示的三种类型。

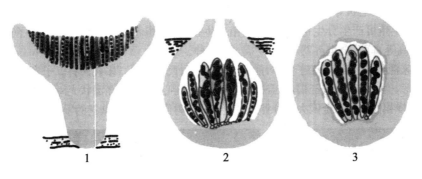

图 5-1　子囊果

1. 子囊盘及其剖面;2. 子囊壳及其剖面;3. 闭囊壳及其剖面

子囊盘的子囊剖面呈果盘状、杯状或碗状，子实层暴露；闭囊壳的子囊剖面呈果球形，闭合无孔口，壳破裂后孢子散出；子囊壳的子囊剖面呈果瓶形，顶端有孔，子囊果多埋在子座内。

（4）担子菌亚门

担子菌亚门（Basidiomycotina）营养体全是多细胞菌丝体，是真菌种最高等的亚门，无单细胞种类，其中包括许多供食用和药用的种类和诱发植物病害的有害种类，以及多种有毒种类。担子菌亚门的菌丝非常发达，常有分枝，且在整个发育过程中，产生两种形式不同的菌丝：一种是由担孢子萌发形成单核的菌丝，经多次分裂成多核，随后产生横隔，成为单核具隔的菌丝并称为初生菌丝。初生菌丝为单倍体，为期短暂；另一种是多数担子菌经锁状联合，继续产生双核菌丝称为次生菌丝。次生菌丝双核时期很长，这是担子菌的特点之一。部分高等真菌还会产生三生菌丝。三生菌丝是由次生菌丝组织化而集合成各种子实体，称为担子果，担子果的形态、大小、颜色各不相同，有伞状、扇状、球状、头状、笔状等。次生菌丝和三生菌丝具有锁状联合现象。

担子菌亚门的营养繁殖可产生节孢子和厚壁孢子；无性生殖可产生分生孢子；有性生殖产生担子，在担子上产生担孢子，其腐生或寄生于维管植物，也有的与植物根共生形成菌根。担子菌亚门是一群多样性的陆生高等真菌，全世界约有1100属，2000种。

（5）半知菌亚门

半知菌亚门（Deuteromycotina）真菌对于现阶段的我们而言，还尚未完全了解其习性，目前仅知其生活史的一半，还没有发现有性生殖阶段。营养繁殖是这类真菌最为主要的繁殖方式，有时也可通过无性生殖，形成分生孢子梗，产生分生孢子，分生孢子萌发形成菌丝。目前没有发现常见的药用植物。

5.1.2　地衣的基础知识

1. 地衣的概述

地衣植物是一种真菌和一种藻类组合的复合有机体,两种植物长期结合在一起,形态上、构造上、生理上都形成了独立的有机体,是多年生植物。组成地衣的真菌绝大多数为子囊菌,少数为担子菌。真菌是地衣体的主导部分。

地衣复合体的大部分由菌丝交织而成,中间疏松,表层紧密。其中的藻类细胞光合作用制造的营养物质供给整个植物体使用,菌类则吸收水分和无机盐,为藻类提供进行光合作用的原料。

地衣是喜光植物,不耐大气污染,大城市及工业区很少有地衣生长。但地衣的耐寒和耐旱性很强,能在岩石、沙漠或树皮上生长,在高山带、冻土带甚至南北极也能生长繁殖,并形成地衣群落。

地衣含有抗菌作用较强的化学成分——地衣酸。地衣酸有多种类型。迄今已知的地衣酸有 300 多种,不仅可以腐蚀岩石,还对革兰氏阳性细菌和结核杆菌具有较高的活性。

2. 地衣的繁殖

(1)营养繁殖

营养繁殖是地衣最普通的繁殖方式,由地衣体断裂为数个裂片,每个裂片都可以发育成新个体。

(2)有性生殖

有性生殖仅由共生的真菌进行,主要为子囊菌和担子菌,分别产生子囊孢子或担孢子。前者为子囊菌地衣,较为常见;后者为担子菌地衣,不常见。

3. 地衣的分类

地衣按生长类型分为叶状地衣、壳状地衣和枝状地衣三种类型。

(1)叶状地衣

呈叶片状,有背腹性,四周有瓣状裂片,以假根或脐固着在基质上,易从基质上剥离,易采下,如石耳、梅花衣、地卷衣等,如图 5-2 所示。

图 5-2   叶状地衣

(2)壳状地衣

植物体为多种多样颜色深浅的壳状物,菌丝与树干或石壁等基质紧贴,甚至生有假根嵌入基质中,因此不易分离,难以从基物上剥离,占地衣总样量 80%,如文字衣、茶渍衣等,如图 5-3 所示。

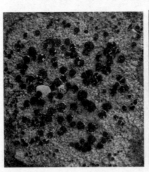

图 5-3   壳状地衣

(3)枝状地衣

树枝状或丝状,直立或悬垂,仅基部附着在基质上,如直立地上的石蕊、松萝等,如图 5-4 所示。

图 5-4　枝状地衣

1. 石蕊；2. 松萝

5.2　常见的药用真菌植物

5.2.1　担子菌亚门

1. 灵芝

灵芝（Ganoderma），形态如图 5-5 所示，别名灵芝草、赤芝、木灵芝、瑞草。基原为多孔菌科真菌灵芝（赤芝）*Ganoderm lucidum* (Leyss. ex Fr.)Karst. 或紫芝 G. *sinense* Zhao，XU et Zhang. 。它以子实体入药。灵芝性温平，味甘、苦、涩，具益精气、益心肺、安神养肝、强筋骨、利关节的功效，主治心悸失眠、健忘、体疲乏力、慢性支气管炎、神经衰弱、风湿性关节炎、冠心病、心绞痛、慢性肝炎、糖尿病等症。灵芝含有灵芝多糖、灵芝酸、内酯、麦角甾醇、灵芝碱、三萜类、有机锗等活性成分，能抗缺氧，调节免疫，延缓衰老，抑制肿瘤，用于辅助治疗癌症。

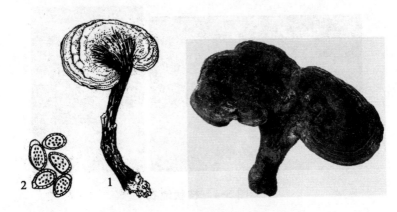

图 5-5　灵芝形态图

1. 子实体；2. 孢子放大

2. 银耳

银耳(白木耳)*Tremella fuciformis* Betk. 属银耳科,形态结构如图 5-6 所示。菌丝体在腐木内生长。子实体纯白色、半透明、胶质,由许多薄而弯曲的瓣片组成,呈菊花状或鸡冠状,干燥后呈淡黄色。在子实体瓣片的上下表面均覆盖着子实层。野生种分布于福建、四川、贵州、浙江等省,现在不少省份有人工栽培。子实体(银耳)能滋阴、养胃、润肺、生津、益气和血、补脑强心。

图 5-6　银耳

3. 木耳

木耳(黑木耳)*Auricularia auricular*(L. ex Hook.)Onder. 属木耳科。子实体有弹性,胶质,半透明,浅圆盘形,耳形或不规则形,新鲜时软,薄而有皱褶,干后收缩。外面有短毛,深褐色近黑色,形态结构如图 5-7 所示。其药用子实体能补气养血、润肺止咳、止血、强壮身体,分布全国大多数地区,主要生于阔叶树的朽木上。

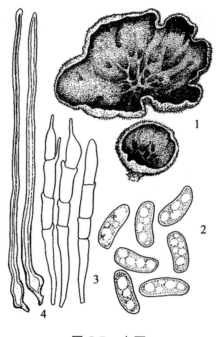

图 5-7　木耳

1. 木耳子实体外形;2. 担孢子;3. 担子;4. 侧丝

4. 雷丸

中药雷丸来源于雷丸 *Omphalia lapidescens* Schroet. 的菌核,形态结构如图 5-8 所示。雷丸能杀虫消积,属多孔菌科,腐生菌类,菌核为不规则球形、卵形或块状,直径 0.8～5cm,表面褐色、黑褐色至黑色,具细密皱纹,内部白色或蜡白色,略带黏性。此菌很少形成子实体,分布在我国黄河以南,主要生于竹林中竹根上。

图 5-8　雷丸

5. 猴头菌

猴头菌 *Hericium erinaceus*（Bull.）Pers. 属齿菌科。子实体形状似猴子的头菌,故名猴头,形态结构如图 5-9 所示。子实体肉质,鲜时白色,干后浅褐色,块状,似猴头,基部狭窄,除基部外,均布肉质针状刺,刺直、下垂,长 1～6cm、粗 1～2mm。孢子为球形至近球形,直径 5～6μm。显微镜下观察,孢子近圆形,透明无色,壁表平滑。其主产东北、华北至西南等地区,多腐生于栎属、核桃楸等阔叶乔木受伤处或腐木上,现有大规模种植。子实体(猴头菌)能利五脏,助消化,滋补,因含多糖及多种氨基酸而具抗肿瘤作用和增强免疫功能。

图 5-9　猴头菌

6. 茯苓

茯苓 *Poria cocos* Wolf. 属多孔菌科,形态结构如图 5-10 所示。茯苓的外表层较厚,形状不规则,新鲜时较软,干后则较为坚硬。茯苓属于腐生菌,主要分布在长江以南,安徽、湖北,生于马尾松、黄山松、赤松等松属植物的根际。茯苓的菌核能够入药,具有益脾胃、宁心神、利水渗湿的功效,具有调节免疫功能和抗肿瘤的作用。

图 5-10　茯苓

7. 猪苓

猪苓 *Poryporus umbellatus*(Pers.)Fr. 属多孔菌科,形态结构如图 5-11 所示。表面呈紫黑色,多具瘤状突起,内部白色或淡黄色,菌核为不规则块状,表面凸凹不平,中部脐状,有淡黄色的纤维状鳞片,近白色或浅褐色,无环纹,肉质,干后硬而脆。主要分布在长江以北,青藏高原以东,主产于山西、河北、河南、云南等省。猪苓属于腐生菌,大多生长在林中树根或腐朽的树木旁,较为常见于枫、槭、柞、桦、柳、椴以及山毛榉科树木的根际,现已有人工栽培。菌核(猪苓)能利水渗湿,其多糖有抗癌作用,猪苓还有抗辐射的作用。目前,已制成猪苓多糖注射液用于肿瘤和肝炎的治疗。

图 5-11　猪苓

8. 云芝

云芝 *Coriolus versicolor*（L. ex Fr.）Quel. 属多孔菌科,形态结构如图 5-12 所示。云芝的子实体无柄,菌盖的颜色各不相同,且周围生有小绒毛,并有滑而窄的同心环带,主要生长于腐朽的树木上,其子实体中含有多种糖分,不仅具备清热消炎的功效,还可用于治疗肝炎、肿瘤等症。

图 5-12　云芝

9. 竹黄

竹黄,肉座菌科,形态结构如图 5-13 所示。以其子座入药,能化痰止咳、活血祛风、利湿。子座形状不规则,多呈瘤状,长 1～4.5cm,宽 1～2.5cm,初期表面较平滑,色淡,后期粉白色,可龟裂,内部粉红色肉质,后变为木栓质。子囊壳近球形,埋生于子座内。主要分布长江以南,多生长于生箣竹属 *Bambusa* 及刚竹属

Phyllostachys 的枝干上。

图 5-13　竹黄

10. 竹荪

竹荪 *Dictyophora indusiata*（Vent. ex Pers）Fisch. 属鬼笔科,形态结构如图 5-14 所示。以其子实体入药,能补气养阴、润肺止咳、清热利湿。菌蕾球形至倒卵形,污白色,具包被,成熟时包被开裂,柄伸长外露,包被遗留柄基形成菌托。子实体高 12～20cm,菌托、菌核白色,基部粗 2～3cm,向上渐细,壁海绵状。菌盖钟状,高、宽各 3～5cm,有明显网格,顶端平,具穿孔,上有暗绿色、微臭的黏性孢体。菌裙白色,从菌盖下垂达约 10cm,具多角形网眼。主要分布秦岭—淮河以南,多生于竹林或阔叶林下。

图 5-14　竹荪

11. 香菇

香菇 *Lentinus edodes*(Berk.)sing. 属白蘑科,其形态结构如图 5-15 所示。其子实体能扶正补虚、健脾开胃、化痰理气。菌盖半肉质,宽 5～12cm,扁半球形,后渐平展。表面浅褐色至深褐色,上有淡色鳞片,菌肉厚,白色,味美。菌褶白色,稠密,弯生。柄中生至偏生,白色,内实,常弯曲,菌环窄而易消失。主要分布长江以南,多生于阔叶树倒木上,多人工栽培。

图 5-15　香菇

12. 马勃

马勃 *Lasiosphaeraseu calvatia.* 主要来源于脱皮马勃的子实体,形态结构如图 5-16 所示。其子实体能清肺利咽、解毒止血。子实体近球形,直径 15～20cm,无不孕基部;包被两层(外包被、内包被),薄而易消失。外包被乳白色,渐转灰褐色;内包被纸质,浅灰色,成熟后与外包被逐渐剥落,仅余一团孢体,孢体灰褐色至烟褐色。孢子球形,壁具小刺突,褐色。主要分布在黑龙江、内蒙古、河北、甘肃、新疆、江苏、安徽、江西、湖北、湖南、贵州等地,多生于开阔的草地上。紫色马勃和大马勃的子实体皆可入药。

图 5-16　马勃

5.2.2　子囊菌亚门

1. 冬虫夏草

中药冬虫夏草 *Cordycepssinensis* 来源于麦角菌科。冬虫夏草菌寄生于蝙蝠蛾科昆虫幼体上的子座及幼虫尸体的复合体,属麦角菌科,形态结构如图 5-17 所示。冬虫夏草菌夏秋以节孢子侵入虫草蝙蝠蛾 *Hepialusarmoricanus* Oberthur 的幼虫体内,利用虫体的丰富营养进行生长、发育成菌丝体。染病幼虫钻入土中越冬,菌在虫体内发展蔓延,破坏虫体内部组织,仅残留外皮(毁坏了幼虫的内部器官,但其角皮却保存完好),最后虫体内的菌丝体变成坚硬的菌核,度过漫长的冬天。翌年入夏,从菌核上长出子座。子座棒状,从寄主头部、胸中生出地面,就成了"草"。这种虫草就是虫草蝙蝠蛾躯壳和冬虫夏草菌的复合体,主产于甘肃、青海、四川、云南、西藏,主要分布在青藏高原,生于海拔 3000～5000m 的高山草甸和高山灌丛带。其以子座、幼虫躯壳以及躯壳中的菌核入药,主要活性成分是虫草素,具有调节免疫功能、抗肿瘤、抗疲劳、补肺益肾、止血化痰等多种功效。

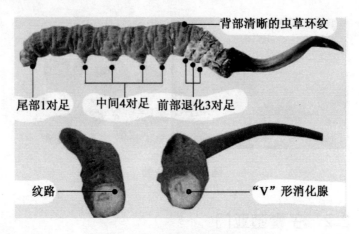

图 5-17　冬虫夏草的结构示意图

2. 虫草属

虫草属 *Cordyceps* 共 130 多种，我国产 20 多种。

其中有一供药品种为蝉花菌 *C. sobolifera*(Hill)Berlk. et Br. 其形态结构如图 5-18 所示，来源于蝉花的子座及寄主的复合体，能疏散风热、透疹、息风止痉、明目退翳。

图 5-18　蝉花菌

还有亚香棒菌 *C. hawkesii* Gray.（图 5-19）、凉山虫草 *C. liangshanensis* Zhang Liu et Hu.（图 5-20）等均供药用。

图 5-19　亚香棒菌

图 5-20　凉山虫草

5.3　常见的药用地衣植物

1. 节松萝

节松萝 *Usnea diffracta* Vain. 属于松萝科,形态结构如图 5-21 所示。植物体丝状,长 15~30cm,二叉状分枝,基部较粗,分支少,先端分枝较多。表面灰黄绿色,具光泽,有明显的环状裂沟,横断面中央有韧性丝状的中轴,具弹性,由菌丝组成,其外为藻环,常由环状沟纹分离或成短筒状。菌层产生少数子囊果,内

・167・

生 8 个椭圆形子囊孢子。分布于全国大部分省区,生于深山老林中的树干上或岩壁上。全草入药,能止咳平喘、活血通络、清热解毒。

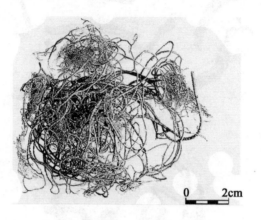

图 5-21　节松萝

2. 长松萝

长松萝 *Usnca longissima* Ach. 属松萝科植物,形态结构如图 5-22 所示。全株细长不分枝,体长可达 1.2m,两侧密生细而短的侧枝,形似蜈蚣。分布全国大部分地区,功用同节松萝。

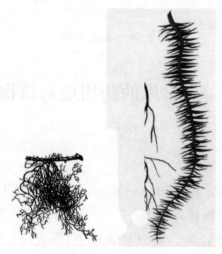

图 5-22　长松萝

3. 石耳

地衣类植物主要的入药种类还有石耳 *Umbilicaria esculenta* (Miyoshi) Minks.。其形态结构如图 5-23 所示。全草入药、有清热解毒、止咳祛痰、平喘消炎、利尿、降血压的功效。

图 5-23　石耳

4. 金黄树发

金黄树发(头发七) *Alectoria jubata* Ach. 形态结构如图 5-24 所示。全草(头发七)能利水消肿、收敛止汗,是抗生素及石蕊试剂的原料。

图 5-24　金黄树发

5. 地茶

地茶 *Thamnolia vermicu* laris(SW.)Ach 形态结构如图 5-25 所示,具有清热生津、醒脑安神的功效。

图 5-25　地茶

6. 雀石蕊

雀石蕊(太白花)*Cladoniastellaris*(Opiz)Pouzar. et Vez-da. 形态结构如图 5-26 所示。全草入药,主治头晕目眩、高血压等,为抗生素原料。

图 5-26　雀石蕊

第6章 药用苔藓与药用蕨类

苔藓植物和蕨类植物广泛分布于世界各地,二者有很多共同之处,如一样具明显的世代交替现象,无性生殖产生孢子,有性生殖器官为精子器和颈卵器。苔藓植物和蕨类植物虽然在系统进化中具有较重要的位置,但药用植物很少。本章主要介绍苔藓植物和蕨类植物的基础知识及药用价值。

6.1 苔藓与蕨类植物的基础知识

6.1.1 苔藓植物的基础知识

苔藓植物(bryophyta)体现出了类似茎、叶的分化,称"拟茎叶体";生殖器官为多细胞结构,受精卵发育成胚。已能初步适应陆生生活,但仅具假根,缺乏维管组织,受精过程离不开水等特点,使大多数种类仍需生活在潮湿环境,是从水生到陆生的过渡类型,也是最原始的陆生高等植物。苔藓植物的孢子体寄生在配子体上,是配子体占优势的异形世代交替,也是它们区别于其他植物的主要特征之一。

1. 苔藓植物的形态结构

苔藓植物的生活史中有配子体和孢子体两种类型的植物体。配子体为小型绿色自养的单倍体植株,最大者仅 30～40cm;进化程度较低的类群常为扁平的叶状体,进化程度较高的类群多为有茎叶分化的"拟茎叶体";但仅有由单细胞或单列细胞形成的假根,植物体内没有形成维管束,只有在较高级类群中,有具有输导作用的细胞群。孢子体由基足、蒴柄和孢蒴组成,孢蒴是产生孢子的器官;孢子体完全寄生在配子体,由基足伸入配子体组织并从中吸取配子体的营养,不能独立生活。

2. 生殖器官和生殖过程

苔藓植物的配子体上具有雌雄两性生殖器官,均为多细胞构成。雄性生殖器称为精子器(antheridium)(图 6-1),精子器一般成棒状、卵状或球状,外有一层不育细胞组成的精子器壁,内有多数由精原细胞发育成的精子,精子长而卷曲,先端有二根鞭毛。

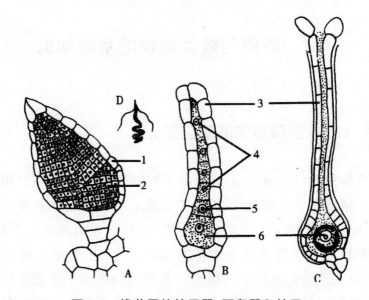

图 6-1 钱苔属的精子器、颈卵器和精子

A. 精子器;B. C. 不同时期的颈卵器;D. 精子

1. 精子器壁;2. 产生精子的细胞;3. 颈卵器壁;
4. 颈沟细胞;5. 腹沟细胞;6. 卵

颈卵器(archegonium)外形像长颈烧瓶,上面细长的部分称为颈部(neck),由 1 层细胞围成,中间有一条沟称颈沟(neck canal),颈沟内有一列颈沟细胞(neck canal cells);下部膨大的部分称为腹部

(venter)，有 1 个大形的卵细胞(egg cell)，卵细胞的上方与颈沟细胞最下 1 个细胞之间还有 1 个腹沟细胞(inguinal cell)。

苔藓植物受精过程离不开水。受精前，颈沟细胞与腹沟细胞解体，精子借助水通过颈沟游到精卵器内与卵结合，卵细胞受精后形成二倍体的合子(zygote)，合子不需经过休眠即开始横向分裂成两个细胞，上面的细胞直接发育成胚(embryo)，下面的发育成基足，基足连接配子体，获取营养。胚在颈卵器内发育成孢子体(sporophyte)，孢子体通常分为三部分，上端为孢子囊(sporangium)，又称孢蒴(capsule)，其下有柄，称蒴柄(seta)，蒴柄最下部有基足(foot)，基足伸入配子体的组织中吸收养料，以供孢子体的生长，故孢子体寄生在配子体上，孢蒴内的孢原组织细胞经过多次分裂再经减数分裂，形成孢子(n)，孢子散出后，在适宜条件下，萌发成原丝体(protonema)，经过一段时间后，在原丝体上再生成新配子体。

3. 生活史

苔藓植物由有性世代和无性世代组成：从孢子萌发到形成配子体，配子体产生雌雄配子，这一阶段为有性世代(配子体世代)；从受精卵发育成胚，由胚发育形成孢子体的阶段称为无性世代(孢子体世代)。世代交替过程中，配子体占优势，孢子体寄生在配子体上，由配子体供给营养。这是与其他高等植物最主要的区别之一(图 6-2)。

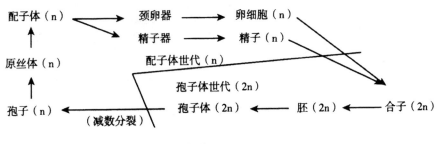

图 6-2　苔藓植物生活史简图

6.1.2 蕨类植物的基础知识

蕨类植物是高等植物中较低级的一类植物。除裸子植物和被子植物外,蕨类植物的体内也有维管系统(vascular system),所以这三类植物也总称维管植物(vascular plants),有的分类系统把这三类植物合称维管植物门(tracheophyta)。

1. 蕨类植物的形态结构

蕨类植物的生活史中,有两个独立生活的植物体,即孢子体和配子体。

(1)孢子体

蕨类植物孢子体发达,大多数是多年生草本,常具真正的根、茎、叶的分化。但是蕨类植物的根常为不定根,茎以根状茎为主,少数原始类群具地上的气生茎(aerial stem)或兼具根状茎。原始类群无毛和鳞片,进化类群常有毛而无鳞片,高等蕨类具鳞片,如真蕨类的石韦、槲蕨等(图 6-3)。

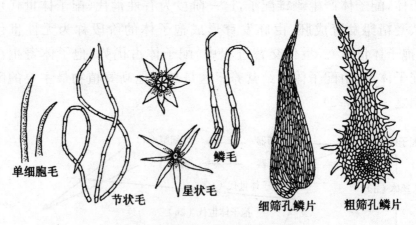

单细胞毛　节状毛　星状毛　鳞毛　细筛孔鳞片　粗筛孔鳞片

图 6-3　蕨类植物毛和鳞片的类型

若按起源及形态特征,蕨类植物可分为小型叶(microphyll)和大型叶(macrophyll)。小型叶较原始,源于茎表皮突出形成,仅具1条叶脉,无叶隙(leargap)和叶柄(stipe)。大型叶属进化类型,由多数顶枝经过扁化形成,有叶柄和叶隙,叶脉分支形成各种脉序,仅真蕨类为大型叶。

按叶的功能分为营养叶(foliage leaf)与孢子叶(sporophyll)。营养叶仅进行光合作用而不产生孢子囊和孢子,又称不育叶(sterile frond);孢子叶能产生孢子囊和孢子,又称能育叶(fertile frond)。有些蕨类植物无营养叶和孢子叶之分,形状相同,称同型叶(homomorphic leaf)或一型叶;也有孢子叶和营养叶形状完全不同,称异型叶(heteromorphic leaf)或二型叶;异型叶较同型叶进化(图6-4)。

同型叶（肾蕨）　　异型叶（紫萁）

图 6-4　蕨类的同型叶和异型叶

蕨类植物体内维管组织分化、形成了各种类型的中柱,如图6-5所示。其中,原生中柱是原始类型,网状、散状中柱是最进化的类型。

(2)孢子囊和孢子

孢子囊是蕨类孢子体上产生孢子的多细胞无性生殖器官,孢子囊可分为厚孢子囊和薄孢子囊,由许多孢子囊聚集成不同形状的孢子囊群或孢子囊堆,进化种类常具膜质的囊群(图6-6)。孢子囊群的发育、着生方式、形态与结构都是鉴别蕨类植物的重要特征。孢子囊壁由不均匀的增厚形成环带，环带的着生位置有顶生环带、横行中部环带、斜行环带、纵行环带等各种类型（图 6-7），孢子囊开裂方式与环带有关，环带对孢子的散布有重要作用。

图 6-5　蕨类植物中柱类型图解

图 6-6　孢子叶上孢子囊群的着生位置

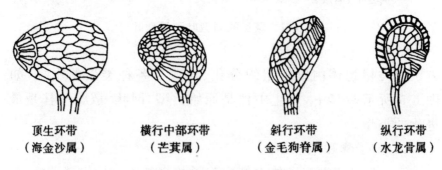

图 6-7　孢子囊群的环带

蕨类植物的孢子都是在孢子囊中经减数分裂产生的单倍体单细胞结构,其形状、大小和结构因种类而异。孢子的类型可分为三类:同型孢子、大孢子和小孢子(孢子异型)。但无论孢子同型或异型,形态上都分两类:一类是肾形、单裂缝、两侧对称的二面型孢子,一类是圆形或钝三角形、三裂缝、辐射对称的四面型孢子(图 6-8)。

| 两面孢子 | 四面型孢子 | 球状四面型孢子 | 丝孢子 |
| (鳞毛蕨属) | (海金沙属) | (瓶尔小草属) | (木贼属) |

图 6-8 孢子的类型

(3)蕨类植物的配子体

中柱类型是蕨类植物鉴别依据之一。如贯众类药材中,绵马鳞毛蕨 *Dryopteris crassirhizoma Nakai*. 的叶柄横切面有 5~13 个大小相似维管束,排列成环;荚果蕨 *Matteuccia struthiopteris*(L) Todaro. 为 2 个条状维管束,排成八字形;狗脊蕨 *Woodwardia japonica*(L. f.)Sm. 是 2~4 个肾形维管束,排成半圆形;紫萁 *Osmunda japonica* Thunb. 是 1 个呈 U 字形维管束;可借此鉴别不同基原的"贯众"(图 6-9)。

2. 生活史

蕨类植物的生活史均具有世代交替,孢子减数分裂(图 6-10),但与苔藓植物不同,蕨类是孢子体发达的异型世代交替,配子体虽小,但大多数可短时独立生活。

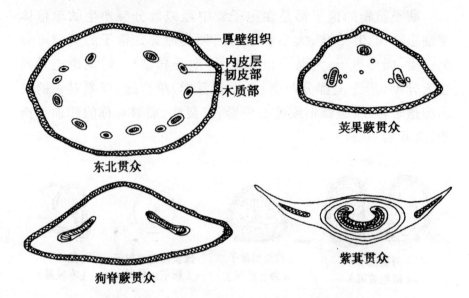

图 6-9　四种贯众药材的叶柄横切面简图

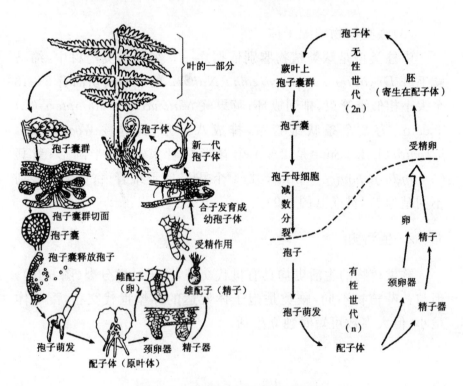

图 6-10　蕨类植物的生活史图解

6.2　常见的药用苔藓植物

苔藓类作为药材应用于医药在古今均有记载。如梁代陶弘景的《名医别录》上记载有"垣衣";明代李时珍的《本草纲目》也记载了少数苔藓植物可以供药用;清代吴其濬的《植物名实图考》中称大叶藓为"一把伞",并云其"壮元阳,强腰肾",可见我国应用苔藓药物已有悠久的历史。

苔藓植物一般分为苔纲(Hepaticae)和藓纲(Musci),也有分为苔纲、角苔纲(Anthocerotae)和藓纲三纲,甚至分成三个门。苔藓植物约有 23000 种,广布世界各地;我国约 2800 种,已知 21 科,50 余种可供药用,但苔藓植物是迄今缺乏常用药材的植物类群。本书沿用两纲的分类系统进行相关类群的介绍。

6.2.1　苔纲

苔纲(Hepaticae)植物营养体为配子体,多为扁平的叶状体,少为茎叶体,多呈两侧对称,有背腹之分。茎通常不分化出中轴,叶多数只有 1 层细胞,不具中肋。孢子体的蒴柄不发达,常短缩;孢蒴无蒴齿,其发育在蒴柄延伸生长之前,孢蒴成熟后多呈四瓣纵裂,孢蒴内多无蒴轴,除形成孢子外,还形成弹丝,以助孢子的散放。孢子萌发形成原丝体,原丝体阶段不发达,每 1 原丝体通常只发育成 1 个植株。苔纲主要的药用植物为地钱(图 6-11)。

地钱 *Marchantia polymorpha* L. 为地钱科。植物体(配子体)呈扁平二叉分枝的叶状体,匍匐生长,叶状体分为背腹两面,背面深绿色。背部生有突出的圆形杯状体,称胞芽杯(gemma cup),杯中产生若干枚绿色带柄的胞芽(gemmae),胞芽脱落后能发育成新植物体。腹部表皮生有假根鳞片,具有吸收、固着和保持水分的作用。

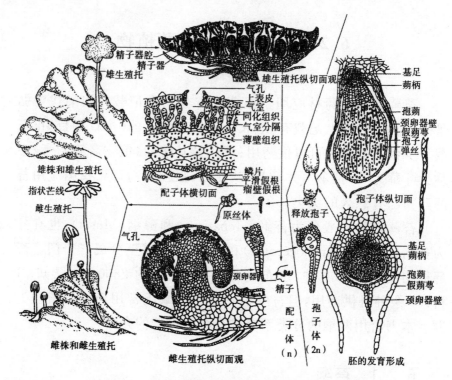

图 6-11　地钱的雌生殖托、雄生殖托与生活史

　　地钱为雌雄异株，有性生殖时，雌配子体的背部生出雌生殖器托，雄配子体的背部生出雄生殖器托。雄生殖器托（雄托）呈圆盘状，边缘浅裂，在盘状体背面生有许多小腔，每一个小腔里有一个卵圆形精子器，其内有许多顶端具有两根等长鞭毛的游动精子。雌生殖器托（雌托）伞形，具柄，边缘深裂，呈星芒状，腹面倒悬许多颈卵器（图 6-11）；卵受精后在颈卵器内发育成胚，胚进一步发育成具短柄的孢子体。孢蒴内的孢原组织一部分细胞形成四分孢子。孢子体成熟时蒴柄伸长，孢蒴裂开，孢子借弹丝的力量散出，孢子落地萌发成原丝体。原丝体再分别发育成雌、雄配子体。分布于我国大部分地区，全草能解毒、祛瘀生肌。

　　苔纲的药用植物还有：蛇苔 *Conocephalum conicum*（L.）Dum. 的全草能清热解毒、消肿止痛。石地钱 *Reboulia hemisphaerica*（L.）Raddi. 的全草能消肿、止血。

6.2.2　藓纲

藓纲(Musci)植物是有茎、叶分化的茎叶体。叶在茎上呈螺旋状排列,无背腹之分。假根由单列细胞构成,分枝或不分枝。孢子体通常有坚挺的蒴柄,孢蒴的发育在蒴柄延伸生长之后。孢蒴外常有蒴帽覆盖,成熟的孢蒴多盖裂,常有蒴齿构造。孢蒴内常有蒴轴,只形成孢子而无弹丝。

1. 葫芦藓

葫芦藓 *Funaria hygrometrica* Hedw.(图 6-12)为葫芦藓科。植物体(配子体)高 1cm 左右,直立、丛生,有茎、叶分化。茎细而短,基部分枝,下生有多细胞假根。叶小而薄,具中肋,生于茎上。配子体为雌雄异枝,雌、雄性生殖器官分别生于不同枝顶。生有精子器的枝顶周围密生较大的叶片,形如花蕾状,称雄苞。精子器棒状丛生在雄苞内,内有许多精子,精子呈螺旋状弯曲,前端具有两根鞭毛。在精子器的周围生长许多隔丝,隔丝顶端常膨大呈球形。生有颈卵器的枝顶称雌苞,叶片较窄并紧密包被,形状如芽。雌苞内生有许多颈卵器,其间生有隔丝;颈卵器呈花瓶状,构造与地钱相似。

受精卵在颈卵器内发育成胚,胚继续生长分化形成孢子体。孢子体生长过程中颈卵器腹部断裂。基足伸入配子体植株茎顶组织中吸取养料和水分,蒴柄伸长,孢蒴的构造比较复杂,其内的孢子母细胞经减数分裂形成孢子。孢子成熟时孢蒴开裂,孢子散出。全国均有分布,常见于田园、庭园、路旁。全草能除湿、止血。

2. 大金发藓

大金发藓(土马骔)*Polytrichum commune* Lex. Hedw.(图 6-13),属于藓纲,金发藓科。植物体(配子体)常丛集成大片群落。幼时深绿色,老时呈黄褐色。有茎、叶分化;茎直立,下部有多数假根;鳞片状叶丛生于茎上部,中肋突出,由几层细胞构成,叶缘则由一层细胞构成,叶基部鞘状。雌雄异株,颈卵器和精子器分别生于雌雄配子体茎顶。全国均有分布,生于阴湿的山地及平原。全株含脂类化合物,全草入药,能清热解毒、凉血止血。

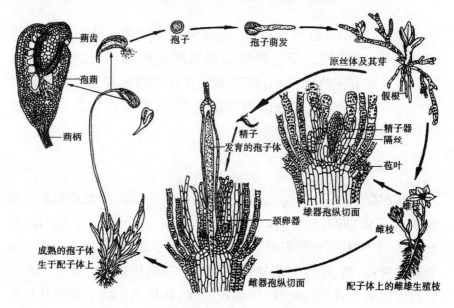

图 6-12　葫芦藓的孢子体、配子体及生活史

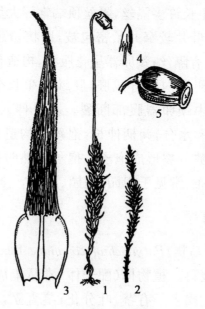

图 6-13　大金发藓
1. 雌株;2. 雄株;3. 叶腹面观;4. 具蒴帽的孢蒴;5. 孢蒴

藓纲的药用植物还有：尖叶提灯藓 *Munim cuspidatum* Hedw. 的全草能清热、止血；仙鹤藓 *Atrichum undulatum*（Hedw.）P. Beauv. 的全草能抗菌消炎。

6.3　常见的药用蕨类植物

过去，各植物学家对蕨类植物的分类各持己见，直至 1978 年，我国蕨类植物学家秦仁昌教授把五纲提升为五个亚门，分别为松叶蕨亚门、石松亚门、楔叶亚门、真蕨亚门以及水韭亚门。

6.3.1　松叶蕨亚门

松叶蕨亚门（Psilophytina）为原始陆生无真根植物类群，但有匍匐根状茎和直立的二叉分支的气生枝。孢子囊 2～3 枚聚生，孢子圆形。本亚门植物多已绝迹，现存者仅有 1 科 1 属 2 种，产于热带及亚热带。我国产 1 种，染色体：X＝13。现以松叶兰科（Psilotaceae）为代表。

松叶兰科的特征与亚门的特征相同。本科 3 属 3 种。我国仅有松叶蕨（*Psilotum*）1 种。

松叶蕨 *Psilotum nudum*（L.）Griseb. 分布于我国东南、西南、江苏、浙江等地区，附生在树干或长在石缝中。全草浸酒服，治跌打损伤、内伤出血、风湿麻木。松叶蕨的茎分为地下和地上两部分，地下具匍匐茎，二叉分枝，仅有毛状吸收构造和假根。地上茎高 15～80cm，上部多二回分枝。叶退化、极小，厚革质，三角形或针形，尖头。孢子囊呈球形、蒴果状，生于叶腋，三室，纵裂（图 6-14）。

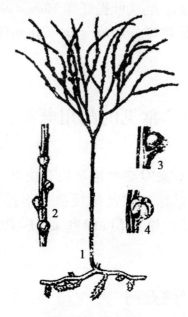

图 6-14　松叶蕨

1. 孢子体；2. 孢子囊着生的情况；

3. 未开裂的孢子囊；4. 开裂的孢子囊

6.3.2　石松亚门

石松亚门（Lycophytina）也是原始蕨类植物。到二叠纪时，绝大多数已绝迹，现在仅遗留少数草本类型，如石杉、石松和卷柏等。

1. 石杉科

常绿草本。主茎短，直立或上升，有规律地等位二歧分叉成等长分枝。叶螺旋排列，能育叶与不育叶同形或多少异形，内含叶绿素，呈龙骨状。孢子囊横肾形，腋生。原叶体地下生，圆柱状椭圆形或线形，有菌根，与真菌营共生作用。

本科有 2 属，约 150 种，广布全球，美洲热带最多。我国有 2属 40 余种，药用 2 属 17 种。

　　石杉 *Huperzia selago*(L)Bernh. ex Shrank et Mart. 植株高
12～17cm,黄绿色;葡匐枝短,茎直立或斜上,二歧式分枝;叶线
为披针形,具小齿或全缘;中脉较明显。孢子囊肾形,生于上部
叶腋,黄褐色。石杉(图 6-15)分布于东北地区及陕西、四川、云
南、新疆等省,生于高山草原与针阔混交林下。全草及孢子入
药,能祛风除湿、止血、续筋、消肿止痛。植物体内含有石杉碱甲
(huperzine A)、尖石杉碱(acritoline)等成分,石杉碱甲具有防治
老性痴呆的作用,还可用于重症肌无力的治疗。同属植物蛇足石
杉 *H. serrala*(Thunb.)Trev. 的全草亦含石杉碱甲等多种生物
碱,全国多数省区有分布。

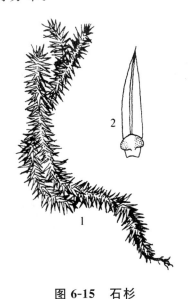

图 6-15　石杉

1. 部分;2. 孢子叶放大

　　华南马尾杉 *Phllegmariurus austrosinicus*(Ching)L. B. Zhang
植株常高大,附生。茎短而簇生,初直立,后伸长下垂,多回二歧分
枝。叶全缘、螺旋状排列,由于基部扭曲常呈 2 列。孢子囊穗长
线形,下垂,常多回二歧分枝。孢子三角形而各边突起。分布于
福建、浙江、广东、广西、贵州、云南等省。生于山沟阴湿处及岩石
旁。全草清热解毒、消肿止痛,亦含石杉碱甲。同属 9 种供药用,
有闽浙马尾杉、柄叶马尾杉、美丽马尾杉等。

2. 石松科

本科有 6 属,40 余种,分布甚广,多产于热带、亚热带及温带地区。我国有 5 属,14 种,药用 4 属,9 种,陆生或附生。现以石松为代表进行介绍。

石松(伸筋草)*Lycopodium clavatum*(L.)多年生草本,高15~30cm,具匍匐茎及直立茎。茎二叉分枝。叶小形,生于匍匐茎者疏生;生于直立茎者密生。孢子枝生于直立茎的顶端。孢子叶穗2~6 个生于孢子枝的上部。孢子叶卵状三角形,边缘具不整齐的疏齿。孢子囊肾形,孢子淡黄色,四面体,呈三棱状锥体(图 6-16)。

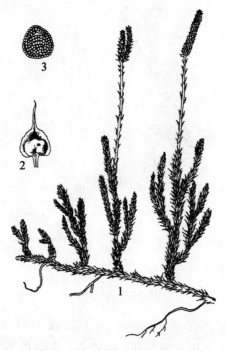

图 6-16 石松

1. 植株一部分;2. 孢子叶和孢子囊;3. 孢子(放大)

石松分布于东北、内蒙古、河南和长江以南地区,生于疏林下或灌林丛酸性土壤上。全草入药,能祛风散寒,舒筋活血,利尿通经。同属植物玉柏 L. *obscurum* L.、垂穗石松 *Palhinhaea cernua*

（L.）Vasc. et Franco、高山扁枝石松 *Diphasiastrum alpinum*
（L.）Holub 等的全草亦供药用。

3. 卷柏科

多年生小型草本。本科有 1 属,约 700 种,分布于热带、亚热带。我国约 50 余种,药用 25 种。现以卷柏为代表。

卷柏 *Selaginella tamariscina*（Beauv.）Spring 多年生草本,高 5～15cm。主茎短,分枝多数丛生,呈放射状排列。枝扁平,各枝常为二歧式或扇状分枝。叶鳞片状,通常排成四行,左右两行较大,称侧叶(背叶),中央二行较小,称中叶(腹叶)。卷柏(图 6-17)分布于全国各地。生于干旱的岩石上及缝隙中。生用破血,治闭经腹痛、跌打损伤;炒炭用止血、治吐血、便血、尿血、脱肛。

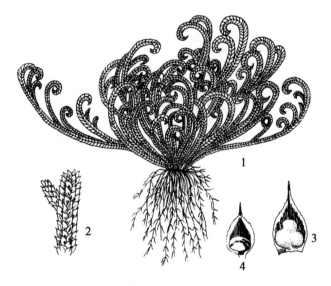

图 6-17　卷柏

1. 植株;2. 分枝一段,示中叶及侧叶;

3. 大孢子叶和大孢子囊;4. 小孢子叶和小孢子囊

同属药用植物还有:翠云草 S. *uncinata*（Desv.）Spring、深绿卷柏 S. *doederleinii* Hieron.、江南卷柏 S. *moellendorfii* Hieron.、垫状卷柏 S. *pulvinata*（Hook. et Grev.）Maxim.、兖州卷柏 S. *involvens*（Sw.）Spring 等。

6.3.3 楔叶亚门

楔叶亚门类(Sphenophytina)植物的孢子体发达,有根、茎、叶的分化。本亚门有1科2属约30余种。

木贼科(Equisetaceae)多年生草本,具根状茎及地上茎,地上茎直立。具明显的节及节间,有纵棱,表面粗糙,多含硅质。叶小型,鳞片状,轮生于节部,基部连合成鞘状,边缘齿状。孢子囊生于盾状的孢子叶下的孢囊柄端上,并聚集于枝端成孢子叶穗。染色体:X=9。我国有2属约10余种,药用2属8种。

1. 木贼

木贼 *Equisetum hiemale* L. 多年生草本。茎直立,单一不分枝,中空,有纵棱脊20~30条,在棱脊上有疣状突起2行,粗糙,叶鞘基部和鞘齿成黑色两圈。孢子叶球椭圆形具钝尖头,生于茎的顶端。孢子同型。木贼(图6-18)分布于东北、河北、西北、四川等省区,生于山坡湿地或疏林下阴湿处。全草含黄酮类及生物碱类化合物,入药能收敛止血,利尿,明目退翳。

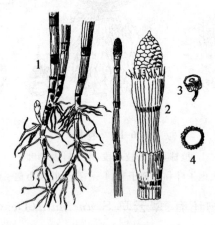

图6-18 木贼

1. 植株全形;2. 孢子叶穗;

3. 孢子囊与孢子叶的正面观;4. 茎的横切面

2. 问荆

问荆 *Equisetum arvense L.* 多年生草本。根黑色或棕褐色，地上茎直立，二型。孢子茎紫褐色，肉质，不分支。孢子叶穗顶生，孢子叶六角形、盾状，下生 6 个长形的孢子囊。孢子同型，具 4 枚弹丝，孢子茎枯萎后，生出营养茎，高约 15～60cm，表面具棱脊，分支多数，在节部轮生。问荆（图 6-19）分布于东北、华北、西北、西南各省区，生在田边、沟旁。可利尿、止血、清热、止咳。

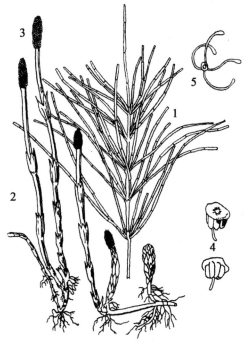

图 6-19　问荆

1. 营养茎；2. 孢子茎；3. 孢子叶穗；

4. 孢子叶及孢子囊；5. 孢子，示弹丝松展

本科入药植物还有：节节草 *Euisetum ramosissimum* Desf. 分布于全国大部分地区。全草具有清热利湿、平肝散结、祛痰止咳作用。笔管草 H. *debile*（Roxb.）Milde 分布于华南、西南和长江中上游各省。全草具有疏表利湿、退翳作用。

6.3.4 真蕨亚门

真蕨亚门(Filicophytina)植物是现代最繁茂的一群蕨类植物,约 1 万种以上,广泛分布于全世界,我国有 56 科,2500 种,广布于全国。

1. 瓶尔小草科

本科有 4 属 30 种,分布于温带、热带、我国有 2 属约 7 种,药用 1 属 5 种。

瓶尔小草 *Ophioglossum vulgatum* L. 多年生草本。植株高 12~26cm。根状茎短,具一簇肉质粗根。叶单生,总柄深埋土中;营养叶从总柄基部以上 6~9cm 处生出,无柄,叶脉网状。孢子叶穗自总柄顶端生出,远超出营养叶,狭条形,顶端具小突起(图 6-20)。分布于东北、西北、西南、台湾等地,生于湿润的森林草地和灌丛。全草入药,具清热解毒、消肿止痛作用。

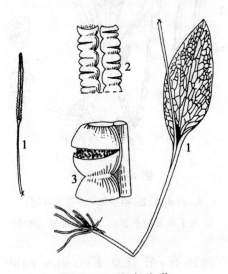

图 6-20 瓶尔小草

1. 植株全形;2. 孢子叶穗一段;3. 孢子囊

2. 紫箕科

本科有 3 属 22 种,分布于温带、热带,我国有 1 属约 9 种,药用 1 属 6 种。

紫箕 *Osmunda japonica* Thunb. 多年生草本。根状茎短块状,有残存叶柄,无鳞片。分布于秦岭以南温带及亚热带地区,生于山坡林下、溪边、山脚路旁酸性土壤中。根状茎及叶柄残基入药,作"贯众"用,能清热解毒、止血杀虫。有小毒(图 6-21)。

图 6-21　紫箕

1. 植株;2. 孢子叶及孢子囊;3. 孢子

3. 凤尾蕨科

陆生草本,根状茎直立或横走,外被有关节毛或鳞片。叶同型或近二型,叶片一至二回羽状分裂,稀掌状分裂,叶脉分离;有柄。孢子囊群生于叶背边缘或缘内。囊群盖膜质,由变形的叶缘反卷而成,线形,向内开口;孢子囊有长柄,孢子四面形或两面形。

凤尾草 *Pteris multifida* Poir. 多年生草本,根状茎直立,顶端有钻形黑色鳞片。叶二型,簇生,草质;能育叶长卵形,一回羽状,除基部一对叶有柄外,其余各对基部下延,在叶轴两侧形成狭羽,羽片或小羽片条形;不育叶的羽片或小羽片较宽,边缘有不整齐的尖锯齿。孢子囊群线形,沿叶边连续分布(图 6-22),分布于我国华东、中南、西南等省区。全草入药,作"凤尾草",清热、利湿、解毒。

图 6-22　凤尾草

1. 植株;2. 孢子囊;3. 孢子叶

4. 鳞毛蕨科

本科约 20 属 1700 余种,主要分布于温带、亚热带。我国有13 属 700 余种,药用 5 属 59 种。本科植物常含有间苯三酚衍生物。

贯众 *Cyrtomium fortunei* J. Sm. 多年生草本,高 30～70cm。根茎短。叶簇生,叶柄基部密生阔卵状披针形黑褐色大形鳞片;叶似羽状,羽片镰状披针形,基部上侧稍呈耳状突起,下部圆楔形,叶脉网状,有内藏小脉 1～2 条,沿叶轴及羽轴有少数纤维状鳞片。孢子囊群生于羽片下面,位于主脉两侧,各排成不整齐的

3～4 行,囊群盖大,圆盾形。贯众(图 6-23)分布于华北、西北及长江以南各省区,生于石灰岩缝、路边、墙脚等阴湿处。根茎药用,中药称贯众,可驱虫、清热解毒、治感冒。

图 6-23　贯众

1. 植株全形;2. 根状茎;3. 叶柄基部横切面

5. 水龙骨科

本科有 50 属约 600 种,主要分布于热带、亚热带,我国有 27 属约 150 种,药用 18 属 86 种。

石韦 *Pyrosia lingua*(Thunb.)Farwell 多年生常绿草本,高 10～30cm。根茎细长,横走,密生褐色披针形鳞片。分布于长江以南各省区及台湾省,附生于树干或岩石上。全草药用,能清热、利尿、通淋(图 6-24)。

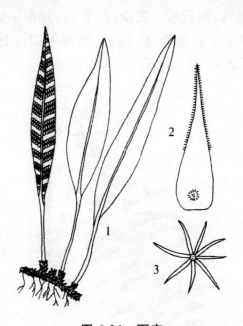

图 6-24 石韦

1. 植株；2. 鳞片；3. 星状毛

水龙骨（*Polypodium nipponicum* Mett.）多年生草本，高
15～40cm。根茎长而横走，黑褐色，通常光秃而有白粉，顶部有
卵圆状披针形的鳞片，其边缘具细锯齿，以基部盾状着生。叶薄
纸质、两面密生白色短柔毛，叶片长圆状披针形，羽状深裂；叶脉
网状；叶柄长，有关节和根状茎相连。孢子囊群生于内藏小脉顶
端，在主脉两侧各排成整齐的一行，无盖，分布于长江以南各省。
生于林下阴湿的岩石上，偶尔附生于树干，常成片生长。根茎入
药，具清热解毒、平肝明目、祛风利湿、止咳止痛作用。

本属供药用的植物还有：庐山石韦 P. *sheareri*（Bak.）Ching、有
柄石韦 P. *petiolosa*（Christ）Ching、毡毛石韦 P. *drakeana*（Franch.）
Ching、北京石韦 P. *davidii*（Gies.）Ching、西南石韦 P. *gralla*（Gies.）
Ching 等。

6. 槲蕨科

根茎横生，粗大，肉质，具穿孔的网状中柱，密被褐色鳞片，鳞

片大,狭长,腹部盾状着生,边缘具睫毛。叶二型,无柄或有短柄,叶片大,深羽裂或羽状,叶脉粗而隆起,具四方型网眼。孢子囊群或大或小,不具囊群盖。孢子两侧对称,椭圆形,具单裂缝。染色体:X＝36,37。

除槲蕨属 20 种外,其余大多为单种属。分布于亚洲热带至澳大利亚。我国有 3 属约 14 种,药用 2 属 7 种。

槲蕨(骨碎补,猴姜、石岩姜)*Drynaria fortunei*(Kze.)J. Sm. 附生植物,高 20～40cm,根茎粗壮,肉质,长而横走,密生钻状披针形鳞片,边缘流苏状。营养叶枯黄色,革质,卵圆形,先端急尖,基部心形,上部羽状浅裂,似槲树叶,叶脉粗;孢子叶绿色,长圆形,羽状深裂,裂片披针形,7～13 对,基部各羽片缩成耳状,厚纸质,两面均绿色无毛,叶脉明显,呈长方形网眼;叶柄短。有狭翅。孢子囊群圆形,黄褐色,生于叶背,沿中肋两旁各 2～4 行,每长方形网眼内 1 枚;无囊群盖。槲蕨(图 6-25)分布于西南、中南地区及江西、浙江、福建等省。附生于树干或山林石壁上。根茎药用称骨碎补,具有补肾、接骨、祛风湿、活血止痛作用。

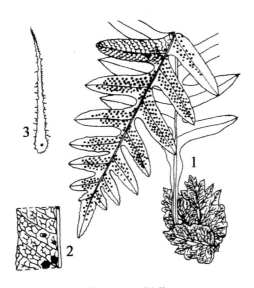

图 6-25　槲蕨

1. 植株全形;2. 叶片的一部分,示叶脉及孢子囊群位置;3. 地上茎的鳞片

作为中药骨碎补的原植物还有：中华槲蕨 D. *baronii*(Christ)
Diels。

6.3.5 水韭亚门

水韭亚门(Isoephytina)是水生或湿生草本植物。茎粗短，块
状或伸长而分枝，具原生中柱，下部生根。叶螺旋状排列，丛生于
粗短的茎上，一型，狭长线形或钻形，基部扩大，腹面有叶舌；内部
有分隔的气室及叶脉1条；叶内有1条维管束和4条纵向具横隔
的通气道。孢子囊单生在内部的叶基。孢子异型，大孢子球状四
面型，小孢子肾状二面型，大孢子的体积为小孢子的11～15倍。
配子体有雌雄之分，退化；精子有多数鞭毛。

水韭科(Isoetaceae)特征同亚门，共2属约60种，其中 *Stylites* E.
Amstutz 为单种属，仅产于南美洲秘鲁。水韭属 *Isoetes* 约70种，
世界广布，但多生长在北半球的温带沼泽湿地。我国特产3种，
常见的为中华水韭 *Isoetes sinensis* Palmer，主要分布于长江中下
游地区。此外，西南地区有水韭(*I. japonica*)，台湾地区有台湾
水韭(*I. taiwanensis*)。

中华水韭 *Isoetes sinensis* Palmer 多年生沼泽植物，茎短；根
茎肉质，基部具多数二叉分歧的根。多数向轴覆瓦状排列的叶丛
生于块茎上，多汁，草质，内具4个纵行气道围绕中肋，并有横隔
膜分隔成多数气室。孢子囊椭圆形，长约9mm，直径约3mm，具
白色膜质盖；大孢子囊常生于外围叶片基部的向轴面；小孢子囊
生于内部叶片基部的向轴面，内有多数灰色粉末状、两面形的小
孢子(图6-26)。

中华水韭是水韭科中生存的子遗种，为中国特有种，在分类
上被列为似蕨类，但没有复杂的叶脉组织的种类，因此在系统演
化上有一定的研究价值，它也是一种沼泽指示植物。

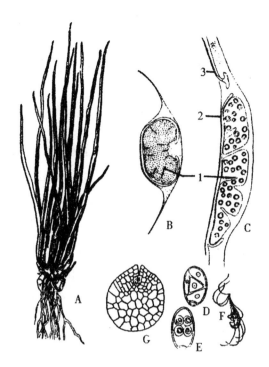

图 6-26　中华水韭

A. 孢子体外型;B. 小孢子囊横切面;C. 大孢子囊纵切面;

D、E. 雄配子体;F. 游动精子;G. 雌配子体

1. 横隔面;2. 缘膜;3. 叶舌

第7章　药用裸子植物与被子植物

　　裸子植物(Gymnospermae)是指种子植物中,胚珠在一开放的孢子叶上边缘或叶面的植物,其孢子叶通常会排列成圆锥的形状。裸子植物是种子植物中较低级的一类,具有颈卵器,既属颈卵器植物,又是能产生种子的种子植物。它们的胚珠外面没有子房壁包被,不形成果皮,种子是裸露的,故称裸子植物。

　　被子植物(Angiospermae)又称为有花植物(Nowering Plant),早在中生代侏罗纪以前已开始出现,是目前植物界中进化最高级、种类最多、分布最广、适应性最强和最繁盛的一个类群。

7.1　裸子植物与被子植物的基础知识

7.1.1　裸子植物的基础知识

1. 裸子植物的主要形态特征

　　①孢子体发达。裸子植物的孢子体特别发达,都是多年生木本植物,多为乔木、灌木,极少为亚灌木(如麻黄)或藤本(如买麻藤)。

　　②有明显的世代交替现象。在世代交替中孢子体(植物体)占优势,配子体退化(雄配子体为萌发后的花粉粒;雌配子体为胚囊及胚乳部分),寄生在孢子体上,受精作用不需要在有水的条件下进行。

　　③花单性,胚珠裸露,不形成果实。花单性同株或异株;无花被(极少数有原始花被);雌蕊的心皮(大孢子叶或珠鳞)呈叶状或

其他形状不包卷成子房,丛生或聚生成大孢子叶球(雌球花);雄蕊(小孢子叶)多有花丝和花药,聚生成小孢子叶球(雄球花);胚珠(大孢子囊)裸生于心皮的边缘上,胚乳在受精前由大孢子直接分裂发育而成;传粉和受精之后,胚珠发育成种子,因种子裸露在心皮上,所以称裸子植物。

④具有颈卵器构造。裸子植物除百岁兰属、买麻藤属外,均具颈卵器。配子体完全寄生在孢子体上,颈卵器结构简单。

⑤具多胚现象。大多数裸子植物都具有多胚现象,这是由于1个雌配子体上的几个或多个颈卵器的卵细胞同时受精,或者是由1个受精卵在发育过程中,胚原组织分裂而形成多胚现象。

2. 裸子植物的主要化学成分

裸子植物的化学成分类型较多,主要有黄酮、生物碱、萜类和挥发油等。

(1)黄酮类

裸子植物普遍分布有黄酮类化合物,类型多以羟基取代为主,少有 O-苷化、O-甲基化、O-异戊烯化;双黄酮、黄酮、黄烷酮、黄酮醇和黄烷醇等成分具分类价值,其中双黄酮是裸子植物特征性成分。

(2)生物碱

生物碱仅存于三尖杉科、罗汉松科、麻黄科、红豆杉科及买麻藤科。三尖杉属(Cephalotaxus)植物含多种生物碱,实验表明,三尖杉酯碱(harringtonine)、高三尖杉酯碱(homoharrgtonine)具抗癌活性,临床用于治疗白血病。麻黄属(Ephedra)植物中含有多种生物碱。红豆杉属(Taxus)植物中含有的紫杉醇(taxol)不仅对白血病有效,对卵巢癌、黑色素瘤、肺癌等均有明显疗效。

(3)萜类及挥发油

裸子植物中萜类较普遍存在,挥发油也较普遍存在,多具有抗菌作用。此外,裸子植物中还分布有树脂、有机酸、木脂体类、昆虫蜕皮激素等成分。

3. 裸子植物的生活史

现以松科(Pinaceae)的松属(Pinus)为例介绍裸子植物的生活史。

(1)孢子体和球花

松属植物为常绿乔木,长枝上生鳞叶,腋内生短枝。雄球花从新生长枝条基部的鳞片腋中生出,每雄球花由许多小孢子叶螺旋状排列在球花的轴上而成,每枚小孢子叶背面有1对长形小孢子囊。小孢子囊内每个小孢子母细胞经减数分裂,形成4个小孢子,小孢子具两层壁,外壁向两侧突出形成气囊,以便风力传播。

雌球花1或数个生当年生长枝近顶端。每雌球花由许多珠鳞(ovuliferous scale)(大孢子叶)螺旋状排列在球花的轴上而成,其远轴面基部尚有1枚较小的薄片称苞鳞(bract scale)。每1珠鳞近轴面基部着生2枚胚珠。珠心中有1个细胞发育成大孢子母细胞,经减数分裂,形成4个大孢子。

(2)雄配子体

小孢子是雄配子体的第1个细胞,在小孢子囊内发育,经连续3次不等分裂,形成具4个细胞的花粉粒,即雄配子体(图7-1)。

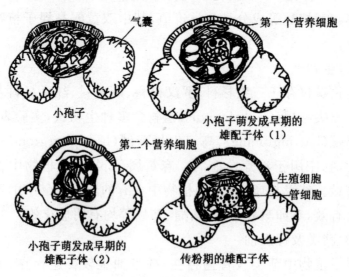

图 7-1 松属雄配子体的发育图解

（3）雌配子体

珠心内的大孢子先体积增大并产生中央大液泡,随后细胞核分裂,形成 16～32 枚游离核;冬季雌配子体即进入休眠期。第二年春天,雌配子体重新活跃,游离核继续分裂,数目增多,逐渐形成细胞壁,此时靠近珠孔端的几个细胞明显膨大,发育成颈卵器原始细胞(archegonial initial cell),经系列分裂,形成颈卵器。成熟的雌配子体包含 2～7 个颈卵器和大量的胚乳(图 7-2)。

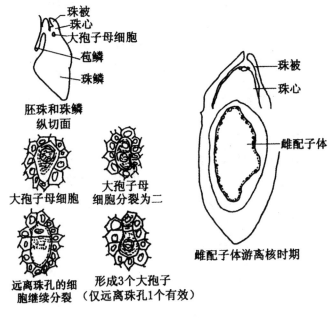

图 7-2　松属雌配子体的发育图解

（4）传粉和受精

晚春进行传粉,幼嫩的苞鳞及珠鳞略微张开。花粉粒借助风力传播,飘落在珠孔端并黏到珠孔溢出的传粉滴中,并随液体干涸而被吸入珠孔。进入珠孔后花粉粒中的生殖细胞分裂为 2,形成 1 个柄细胞和 1 个体细胞(精原细胞),而管细胞则开始伸长,长出的花粉管至进入珠心一定距离后暂时停止生长,开始休眠,直到第 2 年春季或夏季颈卵器分化形成后再继续伸长,这时体细胞再分裂为 2 个大小不等的精子,其中 1 个精子与卵核结合形成受精卵。受精完成后,较小的精子、管细胞和柄细胞最后解体。

（5）胚胎发育与成熟

受精卵经分裂和分化，到胚发育成熟过程一般分为原胚阶段、胚胎选择阶段、胚组织分化成熟、种子形成四个阶段。

松属植物生活史经历的时间长，即第一年7～8月形成花原基，冬季休眠；第二年3～5月开花传粉后，花粉粒在珠心组织中萌发伸出花粉管，同时大孢子形成并开始发育，冬季休眠；第三年3月起继续发育，6月初受精，到10月，球果和种子成熟。可见生活史经历26个月，跨越3个年头。松属的生活史图解如图7-3所示。

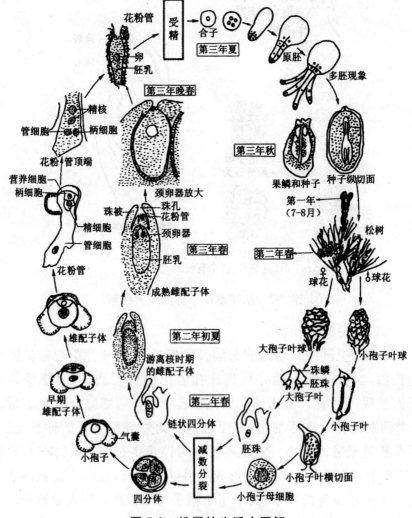

图7-3 松属的生活史图解

7.1.2 被子植物的基础知识

被子植物是当今世界植物界中最进化、种类最多、分布最广、适应性最强的类群。现知全世界被子植物共有 20 多万种,占植物界总数的一半以上。我国已知的被子植物约 2700 多属,3 万余种。

被子植物与人类有着极为密切的关系,如我国的被子植物可提供食物的达 2000 余种;果树有 300 多种;花卉植物数不胜数;药用被子植物有 10027 种(含种以下分类单位),占我国药用植物总数的 90%,是药用种类最多的类群,绝大多数中药均来自于被子植物。

1. 被子植物的主要特征

被子植物的主要特征如下。

①孢子体高度发达,配子体极度退化。孢子体有乔木、灌木、草本和藤本等类型,有水生、陆生、自养和异养等多种生活方式。

②叶通常具有展开的宽阔叶片,增强了光合作用能力。

③具有真正的、高度特化的花,花通常由花被、雄蕊群和雌蕊群组成,并且多为虫媒花。

④胚珠被心皮所包被。被子植物的胚珠被包藏在由心皮包卷而形成的闭合的子房内。

⑤具有高度发达的输导组织。输导组织中的木质部有导管,韧皮部有筛管与伴胞。

⑥具有真正的果实。被子植物的花在受精后,子房壁形成果皮,胚珠形成种子,二者合称为果实。

2. 被子植物演化规律

被子植物系统演化有两大学派,其争论的焦点在于被子植物的"花"的来源上,意见分歧较大,即"假花学派"与"真花学派"两大学派。"假花学派"设想原始被子植物是具单性花的,裸子植物中的麻黄、买麻藤等单性花为主;"真花学派"设想被子植杉的花是原始裸子植物中的苏铁等两性孢子叶球演化而来的,其孢子叶球上的苞片演变为花被,小孢子叶演变为雄蕊,大孢子叶演变为雌蕊(心皮),再由孢子叶球轴演变为花轴。

7.2　常见的药用裸子植物

常见的裸子植物有很多,下面以代表性的纲为依据介绍常见的药用裸子植物。

7.2.1　苏铁纲

苏铁(铁树)*Cycas revoluta* Thunb. 常绿乔木,茎干圆柱形,密被叶柄残基,粗糙,不分枝。羽状复叶螺旋状排列聚生于茎顶,基部两侧有刺;小叶片100对以上,线形,革质,坚硬,先端锐尖,边缘向下反卷。球花单性,异株。小孢子叶球顶生,圆柱状,小孢子叶长方楔形,上端宽平,有急尖头,基部狭,被黄褐色绒毛,每个小孢子叶上着生多数小孢子囊,小孢子囊常3～4枚聚生;大孢子叶球集生顶端的羽状叶与鳞状叶之间,大孢子叶密被褐色绒毛,顶端明显扩大呈羽状分裂,胚珠2～10,生于大孢子叶下部两侧。种子核果状,成熟时橙红色(图7-4)。种子能理气止痛、益肾固精;叶能收敛止痛、理气活血;根能祛风、活络、补肾、止血。

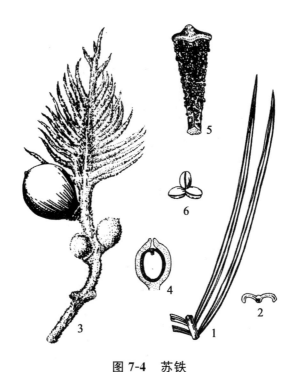

图 7-4 苏铁

1. 羽状叶的一段；2. 羽状裂片的横切面；3. 大孢子叶及种子；

4. 胚珠纵切面；5. 小孢子叶；6. 聚生的小孢子囊

7.2.2 银杏纲

银杏(白果、公孙树)*Ginkgo biloba* L. 落叶大乔木,具长枝和短枝。叶扇形,顶端 2 浅裂,叶脉二叉状分枝。球花单性异株,生于短枝上,雄球花呈菜荑花序状,雄蕊多数,花药 2 室;雌球花有长柄,顶端二叉状,大孢子叶特化成环状突起(珠托),裸生 2 个直立胚珠,常只 1 个发育。种子核果状,椭圆形或近球形,外种皮肉质,成熟时橙黄色;中种皮骨质,乳白色;内种皮膜质,红色;胚乳丰富,子叶 2 枚(图 7-5)。种子(白果)有毒,能敛肺气、定喘咳、止带浊、缩小便;叶能益气敛肺、化湿止泻;根及根皮能益气补虚;树皮外用治牛皮癣。从银杏叶中提取的银杏叶黄酮苷元,有扩张动脉血管作用,用于治疗冠心病。

图 7-5　银杏

1. 着生种子的枝；2. 着生雌花的枝；3. 着生雌花序的枝；

4. 雄蕊，未展开的花粉囊；5. 雄蕊正面；

6. 雄蕊背面；7. 着冬芽的长枝；8. 胚珠生于杯状心皮上

7.2.3　松柏纲

本纲包括松科(Pinaceae)、杉科(Taxodiaceae)、柏科(Cupres-saceae)、南洋松科(Araucariaceae)。

1. 松科

马尾松 *Pinus massoniana* Lamb. 常绿乔木，小枝轮生。在长枝上叶鳞片状。种子长卵圆形，具单翅，子叶 5～8 枚(图 7-6)。根(松根)能祛风燥湿，舒筋活络；节(油松节)能祛风除湿，活络止

痛;叶(松针)能祛风活血,安神,解毒止痒;树皮(松树皮)能收敛
止血;种子(松子仁)能润肺滑肠;花粉(松花粉)能燥湿、收敛、止
血;松香(松脂)能燥湿祛风、生肌止痛。

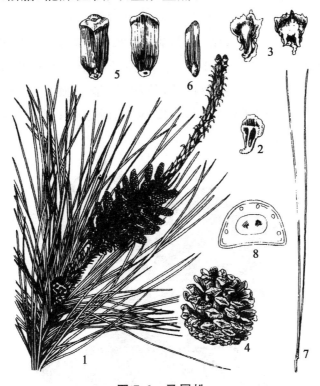

图 7-6　马尾松

1. 球花枝;2. 雄蕊;3. 苞鳞和珠鳞背腹面;4. 球果;
5. 种鳞背腹面;6. 种子;7. 一束针叶;8. 针叶的横切面

同属药用植物功效相似的还有:油松 *P. tabulaeformis* Carr.
叶 2 针 1 束,粗硬,鳞盾肥厚隆起,鳞脐有刺尖,种子褐色有斑纹。
分布于我国北部和西部,生于干燥的山坡上。红松 *P. koraiensis*
Sieb. et Zucc. 小枝有毛。叶 5 针 1 束,粗硬而直,叶缘有细锯齿。
球果大,种鳞先端向外反曲。种子大(称"海松子")可供食用,分
布于我国东北地区,生于湿润的缓山坡或排水良好的平地。云南
松 *P. yunnanensis* Franch. 叶 3 针 1 束,细长柔软,稍下垂;鳞盾
常肥厚,隆起,鳞脐微凹或微凸起,有短刺,分布于我国西南地区,
生于湿润的缓山坡。

2. 柏科

侧柏 *Platycladus orientalis*（L.）Franco. 常绿乔木，小枝扁平，排成一平面，直展。叶鳞片状，交互对生，贴伏于小枝上。球花单性同株。球果具种鳞 4 对，扁平，木质，蓝绿色，被白粉，熟时开裂，中部种鳞各有种子 1～2 枚。种子卵形，无翅（图 7-7）。根皮（柏根皮）能收敛止痛；小枝叶（侧柏叶）能凉血止血，祛风消肿，清肺止咳；种仁（柏子仁）能养心安神，润肠通便；树脂（柏树脂）能解毒，消炎，止痛。

图 7-7 侧柏

1. 着花的枝；2. 着果的枝；3. 小枝；4. 雄球花；5. 雄蕊的内面及外面；
6. 雌球花；7. 雌蕊的内面；8. 球果；9. 种子

本科常用药用植物还有：柏木 *Cupressus finebris* Endl. 分布于华东、华中、西南各省区，枝、叶能凉血，祛风安神。圆柏 *Sabina chinensis*（L.）Ant. 分布于华北、华东、华中、西南各省区及甘肃、陕西、山东，枝叶及树皮祛风散寒，活血消肿，解毒利尿。

7.2.4　红豆杉纲(紫杉纲)

本纲包括红豆杉科(紫杉科,Taxaceae)、三尖杉科(粗榧科,Cephalotaxaceae)和罗汉松科(Podocarpaceae)。

1. 红豆杉科(紫杉科)

红豆杉 *Taxus chinensis* (Pilger) Rehd. 常绿乔木。叶条形,微弯或直,排成 2 列,长 1～3cm,宽 2～4mm,上部微渐窄,先端具微急尖或急尖头,叶上面深绿色,下面淡黄绿色,有 2 条气孔带。种子卵圆形,上部渐窄,长 5～7mm,直径 3.5～5mm,先端微具 2 钝纵脊,生于杯状红色肉质假种皮中(图 7-8)。叶用于疥癣,种子(血榧)能消积、驱虫。

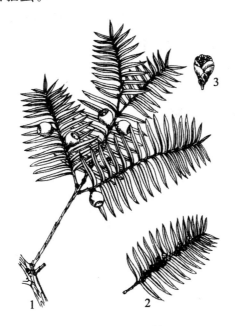

图 7-8　红豆杉

1. 着种子枝;2. 雄球花枝;3. 雄球花

20 世纪 70 年代从本属植物中得到的紫杉醇(Taxol),具明显的抗肿瘤作用,1985 年应用于临床,证实对卵巢癌、乳腺癌、黑色素瘤等恶性肿瘤均具有不同程度的治疗效果。

同属中具有抗肿瘤作用的药用植物还有:南方红豆杉 *T. chinensis var. mairei*(Lemee et Level.)Chellg et L. K. Fu、西藏红豆杉 *T. walli-chiona* Zucc. 、云南红豆杉 *T. yunnanensis* Cheng et L. K. Fu、东北红豆杉 *T. cuspidata* Sieb. et Zucc. 。

2. 三尖杉科(粗榧科)

三尖杉 *Cephalotaxus fortunei* Hook. f. 常绿乔木,树皮红褐色,片状脱落,小枝对生,细长稍下垂。叶螺旋状着生,排成 2 列,线形,稍镰状弯曲,长约 5～10cm,中脉在叶面突起,叶背中脉两侧各有 1 条白色气孔带。雄球花 8～10,聚生成头状,生于叶腋,每雄球花有雄蕊 6～16 枚,生于一苞片上;雌球花有长梗,生于小枝基部,有数对交互对生的苞片,每苞片基部着生 2 枚胚珠。种子核果状,长卵形,熟时紫色(图 7-9)。枝、叶能抗癌;种子能润肺,消积,杀虫。研究证明,本种所含三尖杉总碱对淋巴肉癌、肺癌有较好疗效,对胃癌、上颌窦癌、食管癌等有一定效果。

图 7-9 三尖杉
1. 种子及大孢子叶球枝;2. 大孢子叶球;3. 小孢子叶球;4. 小孢子叶球枝

同属具有抗癌作用的药用植物还有：高山三尖杉 *C. fortunei* Hook. f. var. alpina Li、绿背三尖杉 *C. fortunei* Hook. f. var. concolor Franch、粗榧 *C. sinensis*（Rehd. et Wils.）Li、海南粗榧 *C. hainanensis* Li、篦子三尖杉 *C. oliveri* Mast。

7.2.5　买麻藤纲（倪藤纲）

本纲包括麻黄科（Gphedraceae）、买麻藤科（Gnetaceae）和百岁兰科（Welwitschiaceae）。

1. 麻黄科

草麻黄 *E. sinica* Stapf. 亚灌木，高 30～60cm。木质茎横卧，小枝丛生于基部，草质，直径 2mm。叶鳞片状，膜质，基部鞘状，生于节上，下部合生，上部 2 裂。雄球花有 7～8 枚雄蕊，花丝合生；雌球花单生枝顶，有苞片 4 对，雌花 2 朵，成熟时苞片肉质红色，内包种子 2 枚（图 7-10）。茎（麻黄）能发汗散寒，润肺平喘，利水消肿，为提取麻黄碱的主要原料；根（麻黄根）能止汗。

功效相同的同属药用植物还有：中麻黄 *E. intermedin* Schrenk et Mey.、木贼麻黄 *E. equisetina* Bge.。

2. 买麻藤科

小叶买麻藤（麻骨风）*Gnetum parvifolium*（Warb.）C. Y. Cheng ex Chun. 常绿木质大藤本。茎枝圆形，有明显皮孔，节膨大。叶对生，革质，椭圆形至狭椭圆形或倒卵形，长 4～10cm。花单性，雌雄同株；雄球花序不分枝或一次分枝，其上有 5～13 轮杯状总苞，每轮总苞有雄花 40～70 朵，上端有不育雌蕊 10～12 枚；雌球花序多生于老枝上，一次三出分枝，每轮总苞有雌花 5～7 朵。种子核果状，无柄。成熟种子假种皮呈红色或黑色（图 7-11）。茎、叶（麻骨风）为祛风湿药，能祛风除湿、活血祛瘀、消肿止痛、行气健胃、接骨。

同属植物买麻藤（倪藤）*G. montanum* Markgr. 形态与小叶买麻藤相似，但叶较大，长 10～20cm，花单性，雌雄异株；成熟种子具短柄。功效同小叶买麻藤。

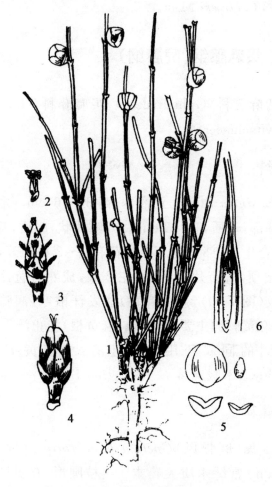

图 7-10　麻黄草

1. 雌株；2. 雄花；3. 雄花序；

4. 雌花序；5. 种子及苞片；6. 雌花纵切面

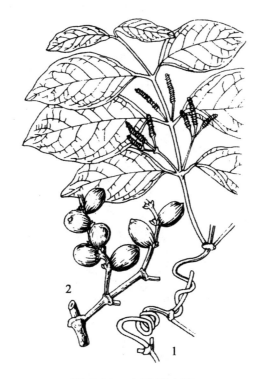

图 7-11　小叶买麻藤
1. 缠绕茎及雄花序;2. 种子枝

7.3　常见的药用被子植物

7.3.1　离瓣花亚纲

1. 三白草科

蕺菜 *Houttuynia cordata* Thunb. 多年生草本,植物体有鱼腥气。茎下部伏地,节上轮生小根,上部直立,有时带紫红色。叶互生,心形,有细腺点,背面常呈紫红色;托叶膜质,条形,下部与叶柄合生成鞘。穗状花序顶生,基部有 4 枚白色苞片,花瓣状;花小,两性,无花被;雄蕊3,花丝下部与子房合生;雌蕊3心皮合生,子房上位。蒴果卵形,顶端开裂(图7-12)。分布于长江以南各省区。全草或地上部分(药材名:鱼腥草)为清热解毒药,味辛,性微寒。能清热解毒、消痈排脓、利尿通淋。

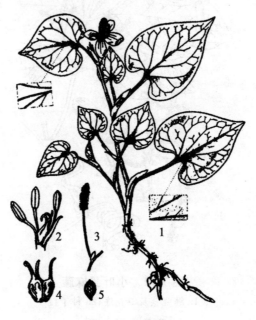

图 7-12　蕺菜

1. 植株;2. 花;3. 花序;4. 果实;5. 种子

三白草(塘边藕)*Saururus chinensis*(Lour.)Baill. 多年生草本。根状茎较粗,白色。茎粗壮,有纵长粗棱和沟槽。叶互生,阔卵形至卵状披针形,基部心形或斜心形。总状花序顶生,白色;雄蕊6;雌蕊由4心皮合生,子房上位。果实分裂成3～4个分果瓣(图7-13)。地上部分(药材名:三白草)为利水消肿药,味甘、辛,性寒。能利尿消肿、清热解毒。

2. 胡椒科

胡椒 *Piper nigrum* L. 木质攀援藤本。茎节膨大,常生不定根。叶互生,近革质,卵状椭圆形,具托叶。未成熟果实干后果皮皱缩变黑（药材名：黑胡椒）；成熟后脱去果皮后呈白色（药材名：白胡椒）（图 7-14）。果实为温里药，味辛，性热。能温中散寒、下气、消痰。

图 7-13　三白草

1. 植株；2. 花

图 7-14　胡椒

1. 果枝；2. 花序一段；3. 苞片；4. 雄蕊；5. 果实

3. 金粟兰科

草珊瑚 Sarcandra glabra (Thunb.) Nakai. 常绿半灌木。茎节膨大。叶对生。雄蕊 1 枚,花药 2 室;雌蕊 1 枚,1 心皮,子房下位,无花柱,柱头近头状。核果球形,熟时亮红色(图 7-15)。全草(药材名:肿节风)为清热解毒药,味苦、辛,性平。能清热凉血、活血消斑、祛风通络。

图 7-15　草珊瑚

1. 果枝;2. 果实;3. 雄蕊;4. 部分花序;5. 根及根茎

4. 桑科

桑 Morus alba L. 落叶乔木。叶互生,卵形,有时分裂。花单性,异株;花序穗状;雄花花被 4 片,雄蕊与花被对生,中央有不育雌蕊;雌花心皮 2 枚,1 室,1 胚株。小瘦果外包肉质花被,组成聚花果果穗,熟时多紫色(图 7-16)。根皮(桑白皮)泻肺平喘、利水消肿;嫩枝(桑枝)祛风湿、利关节;叶(桑叶)疏风清热、清肝明目;果穗(桑椹)补血滋阴、生津润燥。

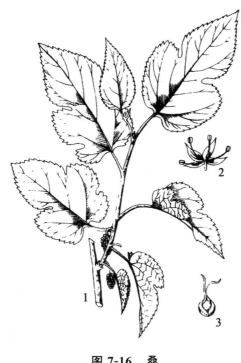

图 7-16　桑

1. 雌株一部分;2. 雄花;3. 雌花

　　无花果 *Ficus carica* L. 落叶小乔木,有白色乳汁。树皮暗褐色,小枝直立,粗壮无毛。叶厚纸质,倒卵形或近圆形,边缘 3～5 深裂,掌状脉;托叶三角状卵形,淡红色。隐头花序单生,梨形。无花果直径 3～4cm,成熟时紫黑色(图 7-17)。隐花果(无花果)润肺止咳、清热润肠;根、叶散瘀消肿、止泻。

　　薜荔 *Ficus pumila* L. 常绿攀援灌木,具白色乳汁。叶互生,营养枝上的叶小而薄,生殖枝上的叶大而近革质。隐头花序单生叶腋,花序托肉质。雄花和瘿花同生于一花序托中,雌花生于另一花序托中;雄花有雄蕊 2;瘿花为不结实的雄花,花柱较短,常有瘿蜂产卵于其子房内,在其寻找瘿花过程中进行传粉(图 7-18)。隐花果(木馒头、薜荔果)能补肾固精、清热利湿、活血通经;茎、叶能祛风除湿、通络活血、解毒消肿。

图 7-17　无花果

1. 果枝；2. 聚花果纵切面

图 7-18　薜荔

1. 不孕幼枝；2. 果枝—雄隐头花序；3. 果枝—雌隐头花序；

4. 雄花；5. 雌花；6. 瘿花

大麻 *Cannabis sativa* L. 一年生高大草本。叶互生或下部对生,掌状全裂,裂片披针形。花单性异株;雄花排成圆锥花序;雌花丛生叶腋。瘦果扁卵形,为宿存苞片所包被(图 7-19)。果实(火麻仁)能润肠通便、利水通淋;雌花序及幼嫩果序能祛风镇痛、定惊安神。

图 7-19　大麻

1. 根;2. 着雄花序枝;3. 着雌花序枝;4. 雄花(示萼片及雄蕊);

5. 雌花(示雌蕊、小苞片和苞片);6. 果实外被苞片;7. 果实

5. 胡桃科

胡桃(核桃)*Juglans regia* L.(图 7-20)种仁(核桃仁)温补肺肾,润肠通便;外果皮(青龙衣)治慢性气管炎,外用治头癣;内果皮的中隔(分心木)固肾涩精。

图 7-20　胡桃

1. 雄花枝;2. 雌花枝;3. 果枝;4. 雄花;5. 雌花;

6. 雄蕊;7. 果核;8. 果核纵剖

6. 马兜铃科

北细辛(辽细辛)*Asarum heterotropoides* Fr. Schmidt var. *mand-shuricum*(Maxim.)Kitagawa 多年生草本。根茎横走,生有多数细长黄白色根,有强烈辛香味。茎端生 2~3 叶,叶心形至肾心形,全缘,顶端短锐尖或钝;叶柄长约 15cm。单花顶生,花被筒钟形或壶形,紫褐色,顶端 3 裂,裂片外卷;雄蕊 12 枚;子房半下位,花柱 6。蒴果肉质,半球形(图 7-21)。全草(细辛)祛风散寒,通窍止痛,温肺化饮。

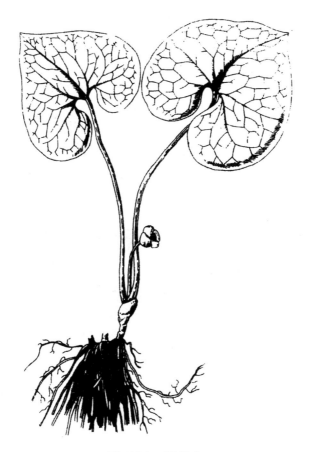

图 7-21　辽细辛

　　马兜铃 *Aristolochia debilis* Sieb. et Zucc. 多年生草质藤本，全株光滑，味特异。叶互生，三角状矩圆形，基部心形，两侧具圆形耳片。花单生叶腋，花被喇叭状，基部膨大成球形，上端形成偏向一侧的片状，暗紫色；雄蕊 6 枚，贴生于花柱周围，柱头 6。蒴果近球形。种子扁三角形，边缘有翅（图 7-22）。根（青木香）平肝、止痛、解毒、消肿；地上部分（天仙藤）行气活血、利水消肿；果实（马兜铃）清肺降气、止咳平喘、清肠消痔。

图 7-22 马兜铃

1. 花枝；2. 花的纵切面；3. 雌蕊；4. 果实；5. 种子

7. 蓼科

掌叶大黄 *Rheum palmatum* L. 高大草本,具粗壮的根茎及根。茎直立,中空。基生叶有长柄,叶片宽卵形或近圆形,掌状5~7深裂,裂片具粗齿或羽裂,表面疏生乳头状小突起,下面被柔毛;茎生叶互生,较小,具短柄及浅褐色膜质托叶鞘。圆锥花序;花被6片,2轮,红紫色;雄蕊9枚。瘦果具三棱,具翅。生于高山林缘、草坡,亦有栽培。根及根茎(大黄)泻热通便、凉血解毒、逐瘀通经;大黄炒炭(大黄炭)凉血、化瘀、止血。同属植物唐古特大黄(鸡爪大黄)*R. tanguticum* Maxim. et Balf. 和药用大黄 *R. officinale* Baill. 药用部位和功效同掌叶大黄(图7-23)。

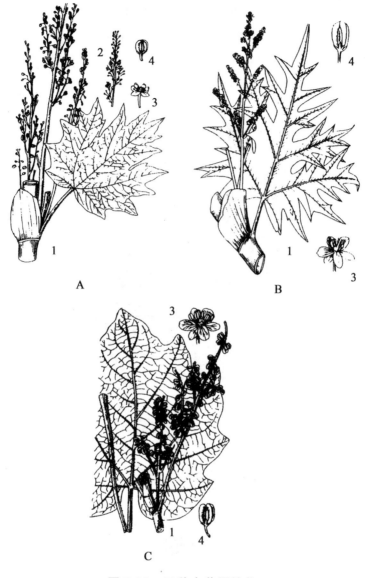

图 7-23　三种大黄原植物

A. 掌叶大黄；B. 唐古特大黄；C. 药用大黄

1. 带花(或果)序的部分茎；2. 花序；3. 花；4. 果实

何首乌 *Fallopia multiflora*（Thunb）. Harald. 多年生缠绕草本。块根表面赤褐色，断面有"云锦花纹"（异型维管束）。叶互生，叶片卵形或窄卵形，先端渐尖，叶基心形或箭形，两面光滑；托叶鞘筒状,膜质。圆锥花序顶生或腋生;花多而小,白色,花被5片,深裂;雄蕊8枚。瘦果椭圆形,有3棱,包被于宿存的花被内(图7-24)。块根熟用(制首乌)补肝肾、益精血、乌须发、强筋骨;生用(生首乌)解毒、消痈、润肠通便;茎(首乌藤)养血、安神、祛风、通络。

图7-24 何首乌

1. 块根;2. 花枝;3. 花;4. 花被展开示雄蕊

5. 雌蕊;6. 瘦果;7. 成熟果实附有具翅的花被

虎杖 *Polygonum cuspidatum* Sieb. et Zucc. 多年生粗壮草本。根茎稍木质,表面棕色至红棕色,断面黄至橙红色。茎直立,丛生,基部木质化,散生紫红色斑点。叶卵状椭圆形或宽卵形,先端短骤尖,叶基近截形。圆锥花序腋生;花小,单性异株;花被片5,排成 2 轮,外轮的 3 片在结果时增大,背部生翅;雄花具雄蕊 8枚;雌花的柱头呈鸡冠状。瘦果卵状三棱形,包被于宿存的翅状花被内(图 7-25)。根茎及根(虎杖)祛风利湿、散瘀定痛、止咳化痰;外治烧烫伤、跌打损伤。

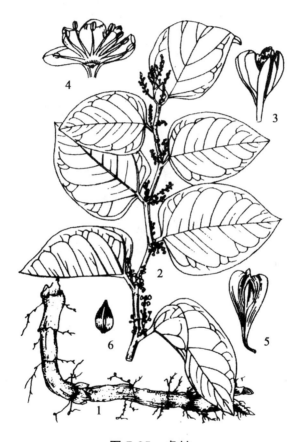

图 7-25　虎杖

1. 根茎;2. 花枝;3. 花;

4. 雄蕊;5. 花被包着果实;6. 果实

8. 苋科

牛膝 *Achyranthes bidentata* Blume.(图 7-26)根(牛膝)补肝肾、强筋骨、逐瘀通经、引血下行(图 7-26)。

图 7-26 牛膝

1. 花枝；2. 根；3. 花

9. 商陆科

商陆 *Phytolacca acinosa* Roxb.（图 7-27）根（商陆）逐水消肿、通利二便、解毒散结。

图 7-27　商陆

1. 花枝；2. 花序；3. 花；4. 去花被的花，示雄蕊及雌蕊

10. 石竹科

瞿麦 *Dianthus superbus* L.（图 7-28）全草（瞿麦）利尿通淋、行血通经。

图 7-28　瞿麦

1. 果枝；2. 花；3. 花瓣；4. 果实

同属植物石竹 *D. chinensis* L. 全草亦作瞿麦药用。

银柴胡 *Stellaria dichotoma* L. var. *lanceolata* Bunge. 根（银柴胡）清热凉血。

11. 睡莲科

莲 *Nelumbo nucifera* Gaertn.（图 7-29）根状茎的节部（藕节）消瘀止血；叶及叶柄（荷叶）清热解暑；花托（莲房）消瘀止血；雄蕊（莲须）益肾涩精；种子（莲子）滋补强壮、健脾止泻；胚（莲心）清心火、降血压。

图 7-29　莲

1. 叶；2. 花；3. 花托；4. 果实和种子；5. 雄蕊；6. 根茎

12. 毛茛科

毛茛属 *Ranunculus* L. 直立草本。叶基生兼茎生。花两性，黄色，萼片、花瓣均 5，花瓣基部具蜜腺；雄蕊与心皮多数，离生，螺旋状着生在花托上。聚合瘦果。

毛茛 *R. japonicus* Thunb. 全体被粗毛。叶 3 深裂，中裂片又 3 浅裂，侧裂片 2 裂。花瓣亮黄色，基部有蜜槽。聚合瘦果近球形（图 7-30）。分布于全国，生于山沟、湿草地、水田边。全草（毛茛）

能利湿消肿、止痛、退翳、截疟杀虫。

图 7-30 毛茛

1. 植株；2. 花瓣；3. 聚合瘦果；4. 瘦果

乌头 *A. carmichaeli* Debx. 宿根草本；块根圆锥形，黑色，母根旁生 1~2 枚膨大不定根的更新芽，称"附子"；萼片 5，蓝紫色，上萼片盔帽状（图 7-31）。块根剧毒，须炮制后入药。四川、陕西、云南等地栽培品的母根（川乌）能祛风除湿、温经散寒、止痛；旁生膨大不定根的更新芽（附子）能回阳救逆、补火助阳。

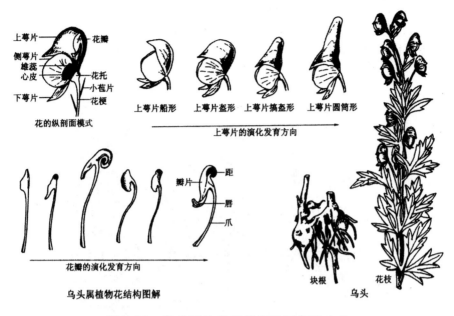

上萼片　　花瓣
侧萼片　　　花托
雄蕊　　　　心皮
　　　　　　花瓣
　　　　　　小苞片
下萼片　　　花梗
花的纵剖面模式

上萼片船形　上萼片盔形　上萼片搞盔形　上萼片圆筒形
上萼片的演化发育方向

瓣片　距
　　　唇
　　　爪
花瓣的演化发育方向
乌头属植物花结构图解

块根　　　花枝
乌头

图 7-31　乌头属植物花的结构图解及乌头

　　黄连 *C. chinensis* Franch. 根状茎分枝簇生；叶片 3 全裂，中裂片具细柄，卵状菱形；花瓣线状披针形，中央有蜜腺。根状茎（黄连）能清热燥湿、泻火解毒。三角叶黄连 *C. deltoidea* C. Y. Cheng et Hsial 和云南黄连 *C. teeta* Wall. 的根状茎与黄连同等入药；商品药材分别称"味连""雅连"和"云连"（图 7-32）。

　　威灵仙 *C. chinensis* Osbeck. 藤本，茎叶干后变成黑色；羽状复叶对生，小叶 5，狭卵形；圆锥花序；萼片 4，白色，矩圆形，外面具短柔毛（图 7-33）。根及根状茎（威灵仙）祛风除湿、通络止痛。棉团铁线莲 *C. hexapetala* Pall. 和东北铁线莲 *C. Mandshusica* Rupr. 与威灵仙同等入药。

13. 芍药科

　　芍药 *Paeonia lactiflora* Pall. 多年生草本。根粗壮；叶互生，常二回三出复叶，小叶窄卵形或窄长椭圆形；花顶生及上部腋生，花大，白色或粉红色；萼片 4～5；花瓣 5～10；雄蕊多数；心皮

3～5,分离。聚合蓇葖果(图 7-34)。根供药用,栽培的去栓皮干燥后为白芍,养血敛阴、柔肝止痛。野生者不去栓皮为赤芍,散瘀活血、止痛、泻肝火。

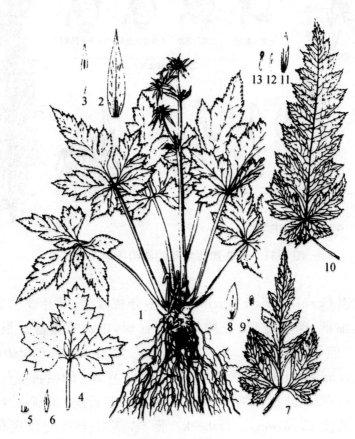

图 7-32　黄连

1～3. 黄连(1. 植株全形;2. 萼片;3. 花瓣)

4～6. 三角叶黄连(4. 叶片;5. 萼片;6. 花瓣)

7～9. 云南黄连(7. 叶片;8. 萼片;9. 花瓣)

10～13. 峨嵋黄连(10. 叶片;11. 萼片;12. 花瓣;13. 雄蕊)

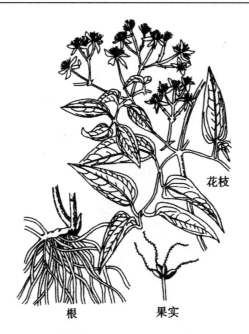

图 7-33　威灵仙

图 7-34　芍药

1. 花枝；2. 根；3. 果实

牡丹 *Paeonia suffruticosa* Andr. 落叶半灌木。为二回三出复叶,顶生小叶上部具 3 裂;侧生小叶又不等 2 浅裂。花单生枝顶;萼片 5,绿色;花瓣 5 或为重瓣,颜色多种;雄蕊多数;花盘杯状;心皮 5,分离,表面密被柔毛。聚合蓇葖果(图 7-35)。根皮(丹皮)清热凉血,散瘀通络。

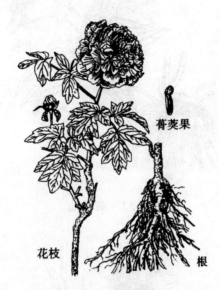

蓇葖果

花枝　　　　根

图 7-35　牡丹

14. 小檗科

箭叶淫羊藿 *Epimedium sagittatum*(Sieb. et Zucc.)Maxim.(图 7-36)全草(淫羊藿)补肝肾、强筋骨、壮阳、祛风湿。

淫羊藿印 *imendium brevicornam* Maxim. 全草也作淫羊藿用。

黄芦木 *Berberis amurensis* Rupr. 根及根茎清热燥湿、泻火解毒。

蠔猪刺(三颗针)*Berberis sargentiana* Schneid. 及细叶小檗 *Berberis poiretii* Schneid. 两者根及根茎的功效同黄芦木。

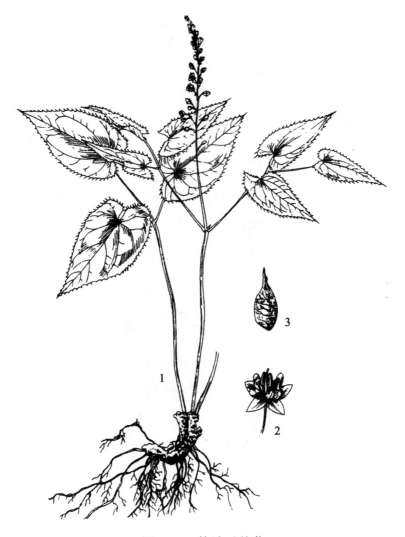

图 7-36　箭叶淫羊藿

1. 植物全形；2. 花；3. 果实

15. 防己科

粉防己（石蟾蜍）*Stephania tetrandra* S. Moore.（图 7-37）根（粉防己）祛风除湿、行气止痛、利水消肿。

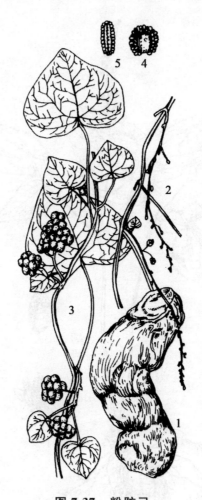

图 7-37　粉防己

1. 根；2. 雄花枝；3. 果枝；

4. 果核，示正面；5. 果核，示侧面

金果榄 *Tinospora capillpes* Gagnep. 及同属植物青牛胆 *T. sagittata*(Oliv.)Gagnep. 二者的块根（金果榄）清热解毒、利咽、散结、消肿。

16. 木兰科

厚朴 *M. officinalis* Rehd. et Wils. 落叶乔木，芽无毛。叶大，革质，集生于枝顶，倒卵形，基部楔形；花白色，内轮花被片直

立;蓇葖果基部圆(图 7-38)。干皮、根皮和枝皮(厚朴)能燥湿消
痰、下气除满,是四正丸、半夏厚朴汤、承气汤等的原料药材;花蕾
(厚朴花)能芳香化湿、理气宽中。凹叶厚朴 *M.offincinalis*
var. *biloba*(Rehd. et Wils.)Law. 叶先端凹缺,与厚朴同等入药。

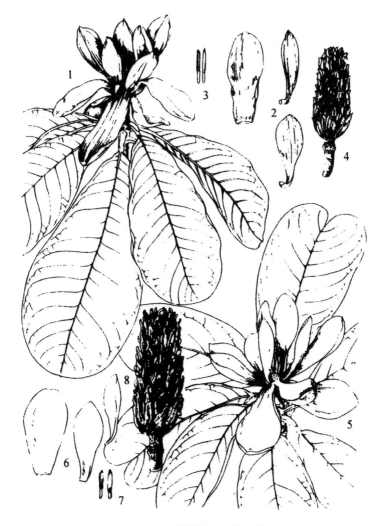

图 7-38 厚朴和凹叶厚朴

1～4. 厚朴(1. 花枝;2. 外、中、内轮花被;3. 雄蕊;4. 聚合果)

5～8. 凹叶厚朴(5. 花枝;6. 外、中、内轮花被;7. 雄蕊;8. 聚合果)

望春玉兰 *M.biondii* Pamp. 落叶乔木。叶椭圆状披针形,基
部不下延。花先叶开放;萼片 3,近线形;花瓣 6,匙形,白色,外面

基部带紫红色。聚合蓇葖果圆柱形,稍扭曲(图 7-39)。花蕾(辛夷)能散风寒、通鼻窍,是辛夷散、辛夷鼻炎丸等的原料药材。玉兰 *M. denudata* Desr.、武当玉兰 *M. sprengeri* Pamp. 的花蕾与望春花同等入药。

图 7-39 望春玉兰

五味子 *S. chinensis*(Turcz.)Baill. 叶阔椭圆形或倒卵形。花被 6～9,乳白色至粉红色;雄花托短圆柱形,雄蕊 5;心皮 17～40。聚合浆果红色(图 7-40)。果实(五味子,习称北五味子)能收敛固涩、益气生津、补肾宁心,是生脉饮、四神丸、石斛夜光丸等的原料药材。

同属植物华中五味子 *S. sphenanthera* Rehd. et Wils. 雌蕊 10～15 枚,果肉薄。果实称南五味子(图 7-40),功效同北五味子。

图 7-40　五味子和南五味子

A. 南五味子；B. 五味子

1. 果枝；2. 雄花；3. 雄蕊去部分花丝；4. 雄花枝；5. 雌花；

6. 雌蕊；7. 雄蕊；8. 果实；9. 种子

八角 *I. verum* Hook. f. 叶革质，倒卵状椭圆形至椭圆形。单花腋生或顶生，粉红至深红色；心皮常 8 枚。蓇葖果饱满平直，常 8 个排成八角形（图 7-41）。果实（八角茴香）能温阳散寒，理气止痛，是八角橘核丸、"达菲"等的原料药材。

17. 樟科

肉桂 *Cinnamomum cassia* Presl. 常绿乔木，具香气。树皮灰褐色，幼枝略呈四棱形。叶互生，长椭圆形，革质，全缘，具离基三出脉。圆锥花序腋生或顶生；花小,黄绿色,花被 6；能育雄蕊 9,3轮。子房上位,1 室,1 胚珠。核果浆果状,紫黑色,宿存的花被管(果托)浅杯状(图 7-42)。树皮(肉桂)能温肾壮阳、散寒止痛；嫩枝(桂枝)能解表散寒、温经通络。

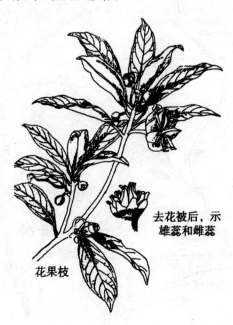

去花被后,示
雄蕊和雌蕊

花果枝

图 7-41　八角

图 7-42　肉桂

1. 花枝；2. 花；3. 果序

樟树（香樟）*Cinnamomum camphora*（L.）Presl. 常绿乔木，全体具樟脑味。树皮厚，褐色，纵裂。叶互生，薄革质，卵形或卵状椭圆形，两面无毛，离基三出脉，脉腋有明显的腺体。圆锥花序腋生；花被片 6，淡黄绿色，内面密生短柔毛；雄蕊 12 枚，花药 4 室，上 2 室下 2 室，花丝基部有 2 个腺体；子房上位，球形。浆果状核果，熟时紫黑色，果托杯状（图 7-43）。全株各部分均可供药用，祛风散寒、消肿止痛、强心镇痉、杀虫。其根、木材、叶含芳香油，主要成分为樟脑。樟脑和樟脑油可作中枢神经兴奋剂。我国樟脑产量居世界首位。

图 7-43　樟

1. 花枝；2. 果枝；3. 花；4(1). 第 3 轮的雄蕊正面；
4(2). 第 3 轮的雄蕊背面；5. 外两轮的雄蕊；6. 退化雄蕊；7. 雌蕊

18. 罂粟科

罂粟 *Papaver somniferum* L. 一年生或二年生草本，全株粉绿色,具白色乳汁。叶互生,长椭圆形,基部抱茎,边缘具缺刻。花大,单生于花茎顶;萼片 2,早落;花瓣 4,有白、红、淡紫等色;雄蕊多数,离生;子房多心皮合生;1 室,侧膜胎座;柱头具 8～12 辐射状分枝。蒴果近球形,孔裂(图 7-44)。果壳(罂粟壳)能敛肺止咳、涩肠止泻、止痛。从未熟果实中割取的乳汁(阿片)为镇痛、止咳、止泻药。

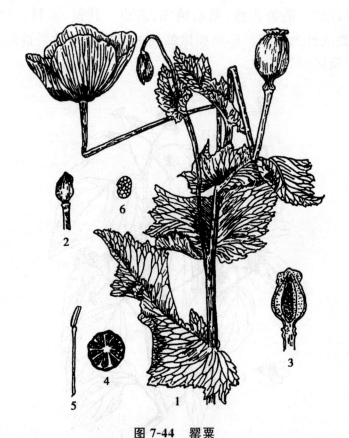

图 7-44 罂粟

1. 植株上部;2. 雌蕊;3. 雌蕊纵切;
4. 子房横切;5. 雄蕊;6. 种子

延胡索 *Corydalis turtschaninovii* Bess. f. *yanhusuo* Y. H. Chou et C. C. Hsu 多年生草本。块茎球形。叶二回三出全裂,末回裂片披针形。总状花序顶生;苞片全缘或有少数牙齿;花萼 2,极小,早落;花瓣 4,紫红色,上面 1 片基部有长距;雄蕊 6,成 2 束;子房上位,2 心皮,1 室,侧膜胎座。蒴果条形(图 7-45)。分布于安徽、浙江、江苏等地,生于丘陵林荫下,各地有栽培。块茎(元胡、廷胡索)能行气止痛、活血散瘀。

图 7-45　延胡索

1. 植株全形;2. 花;3. 花冠的上瓣和内瓣;4. 花冠的下瓣;
5. 内瓣展示,示三体雄蕊及雌蕊;6. 果实;7. 种子

19. 十字花科

菘蓝 lsatis indigotica Fortune. 一至二年生草本。全株灰绿

色。主根长,圆柱形,灰黄色。基生叶有柄,圆状椭圆形;茎生叶较小,圆状披针形,基部垂耳圆形,半抱茎。圆锥花序;花黄色,花梗细,下垂。短角果扁平,顶端钝圆或截形,边缘有翅,紫色,内含1粒种子(图7-46)。根(板蓝根)能清热解毒、凉血利咽。叶(大青叶)能清热解毒、凉血消斑;茎叶加工品(青黛),能清热解毒、凉血、利咽。

图 7-46　菘蓝

1. 植株;2. 根;3. 果实;4. 花

独行菜 *Lepidium apetalum* Willd.(图 7-47)种子作"葶苈子"药用,能泻肺平喘,行水消肿。

图 7-47　独行菜

1. 花果枝；2. 果实

萝卜 *Raphanus sativus* L.（图 7-48）种子（莱菔子）能消食除胀、降气化痰。

20. 景天科

垂盆草 *Sedum sarmentosum* Bunge.（图 7-49）全草清热解毒、消肿排脓、退黄。

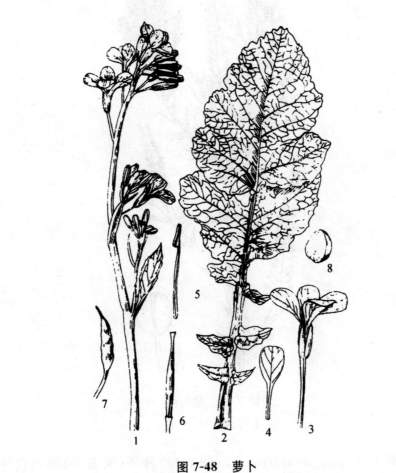

图 7-48 萝卜

1. 花枝；2. 叶；3. 花；4. 花瓣；5. 雄蕊；
6. 雌蕊；7. 果实；8. 种子切面

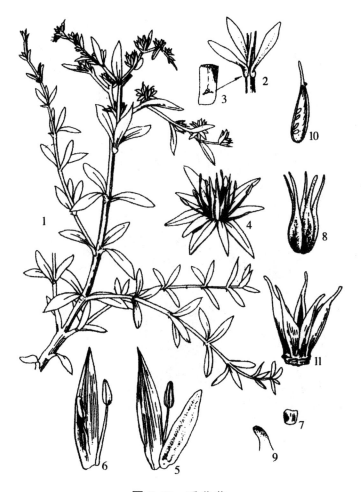

图 7-49　垂盆草

1. 带花序的茎叶；2. 茎叶的一部分，示三叶轮生；

3. 示叶片的着生点在叶片基部的腹面；4. 花；

5. 一片萼片及一片花瓣的背面观；6. 一片花瓣的腹面观；

7. 密腺；8. 心皮；9. 雌蕊上柱头的位置；

10. 一枚心皮的纵切面；11. 已开裂的蓇葖果

21. 虎耳草科

虎耳草 *Saxifraga stolonifera* Curt.（图 7-50）全草（虎耳草）
清热解毒。

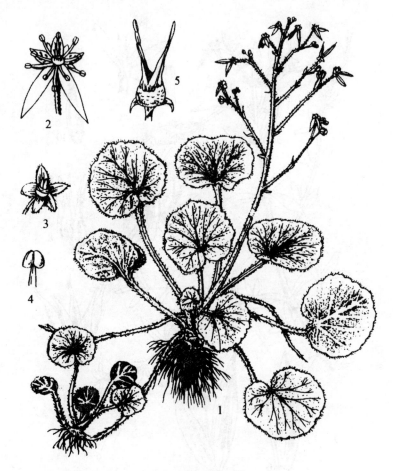

图 7-50 虎耳草

1. 植株;2. 两侧对称的花;3. 去花瓣及雌蕊的花;

4. 雄蕊;5. 已开裂的蒴果,顶部有 2 长喙

22. 金缕梅科

枫香 *Liquidambar formosana* Hance. (图 7-51)根祛风止痛;叶祛风除湿、行气止痛;果序(路路通)祛风通络、利水、下乳;树脂(白胶香、枫香脂)解毒生肌、止血止痛。

图 7-51　枫香

1. 花枝；2. 果枝；3. 雄花；4. 雌花；5. 种子

23. 杜仲科

杜仲 *Eucommia ulmoides* Oliv.（图 7-52）树皮（杜仲）补肝肾、强筋骨、安胎。

图 7-52 杜仲

1. 花枝；2. 果枝；3. 雄花；

4. 雄蕊；5. 雌蕊；6. 子房纵切面

24. 蔷薇科

金樱子 *Rosa laevigata* Michx. 常绿攀援有刺灌木。奇数羽状复叶，小叶 3～5，卵状椭圆形，革质，叶柄及叶轴具小皮刺或刺毛；托叶条状披针形，早落。花单生，直径 5～9cm；花瓣 5，白色，芳香。蔷薇果黄红色(图 7-53)。果实(金樱子)涩精益肾、固肠止泻。

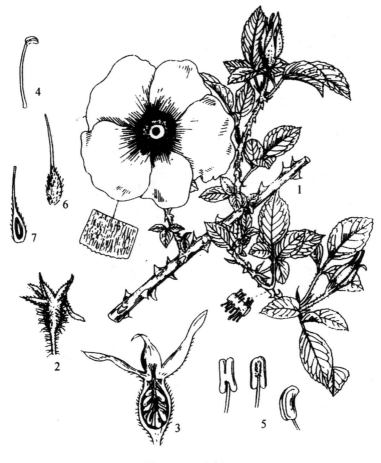

图 7-53　金樱子

1. 花枝；2. 萼筒；3. 萼筒纵切，示生于萼筒内的雌蕊；

4. 雄蕊；5. 花药的背腹面和侧面；6. 雌蕊；7. 雌蕊的纵切

龙芽草（仙鹤草）*Agrimonia pilosa* Ledeb. 多年生草本，全株密被柔毛。奇数羽状复叶，小叶 5～7，在每对叶之间夹有小型小叶；小叶片菱状椭圆形或卵状椭圆形，边缘有锯齿；托叶近卵形。顶生总状花序；花筒外方有槽；顶生一圈钩状刺毛，5 裂；花瓣 5，黄色；雄蕊 10 枚；子房上位，心皮 2。瘦果（图 7-54）。全草（仙鹤草）止血、补虚、泻火、止痛。根芽（鹤草芽）驱绦虫。

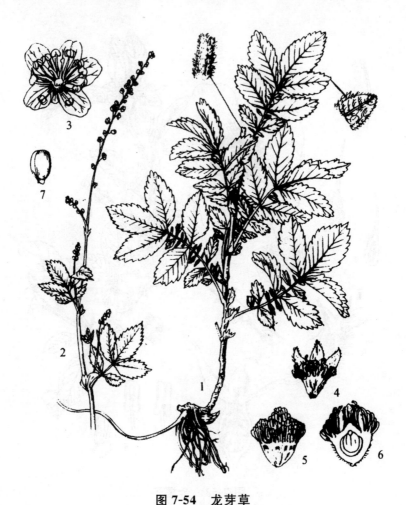

图 7-54　龙芽草

1. 植株下部；2. 植物上部；3. 花；4. 萼筒；

5. 果实；6. 果实纵切；7. 种子

地榆 *Sanguisorba officinalis* L. 多年生草本。根粗壮，表面暗棕红色。茎带紫红色。单数羽状复叶，小叶 5～19 片，穗状花序椭圆形；花小，萼裂片 4，紫红色；无花瓣；雄蕊 4，花药黑紫色；子房上位。瘦果（图 7-55）。根能凉血止血、清热解毒、消肿敛疮。

图 7-55　地榆

1. 植株；2. 根；3. 花枝；4. 花

梅 *Prunus mume*（Sieb.）Sieb. et Zucc. 落叶小乔木，小枝绿色。叶片宽卵形或卵形，先端尾状渐尖。花先叶开放，白色或粉红色。核果球形，黄绿色，核表面有凹点（图 7-56）。未成熟果实（乌梅）敛肺涩肠，生津止渴，驱蛔。

图 7-56　梅

1. 花枝；2. 果枝

杏 *Prunus armenicaca* L. 落叶小乔木。叶柄近顶端有 2 腺体。花单生枝顶,先叶开放;萼片 5;花瓣 5,白色或带红色;雄蕊多数;心皮 1。核果,球形,黄红色,核表面平滑;种子 1,扁心形,圆端合点处向上分布多数维管束(图 7-57)。种子(苦杏仁)能降气化痰、止咳平喘、润肠通便。

图 7-57　杏

1. 花枝;2. 果枝;3. 花部纵切,示杯状花托

山楂 *Ceataegus pinnatifida* Bunge Var. *major* N. Br. 落叶乔木,通常有刺。单叶互生,叶片卵形或三角卵形,有 3～9 羽状浅裂。伞房花序,花白色。果球形,红色,密布灰白色小点,直径 2～3cm(图 7-58)。果实(山楂)消食化滞、降血脂。

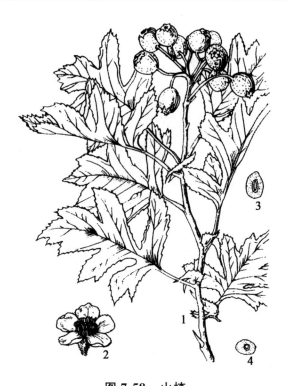

图 7-58　山楂

1. 果枝；2. 花；3. 种子纵切；4. 种子横切

7.3.2　合瓣花亚纲

1. 紫金牛科

紫金牛（平地木、矮地茶）*Ardisia japonica*（Hornstedt）Blume.（图 7-59）全株（矮地茶）化痰止咳、利湿、利尿、活血、解毒。

2. 报春花科

过路黄 *Lysimachia christinae* Hance.（图 7-60）全草（金钱草）清热解毒、利尿排石、活血散瘀。

图 7-59　紫金牛

1. 花枝；2. 花；3. 花冠裂片示雄蕊；4. 雌蕊；5. 果枝

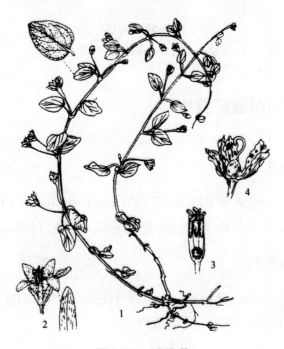

图 7-60　过路黄

1. 植株全形；2. 花；3. 花纵剖面,示雄蕊及雌蕊；4. 未成熟的果实

3. 木犀科

女贞 *Ligustrum lucidum* Ait. 常绿乔木。单叶对生,薄革质,多为卵形,全缘。花小,密生成顶生圆锥花序;花冠白色,漏斗状,4 裂;雄蕊 2 枚;子房上位。核果矩圆形,微弯曲,熟时紫黑色,被白粉(图 7-61)。果实(女贞子)补肾滋阴、养肝明目。

4. 马钱科

马钱 *Strychnos nuxvomica* L.(图 7-62)种子(马钱子或番木鳖)有大毒,可祛风定痛,舒筋活络。

图 7-61　女贞

1. 带果枝条;2. 带花枝条;3. 花;
4. 花剖开示雄蕊;5. 除去花冠示雌蕊;6. 果实

图 7-62 马钱

1. 花枝；2. 花冠与雄蕊；3. 雌蕊
4. 子房横切面；5. 子房纵切面；6. 果实横切面

5. 龙胆科

龙胆 *Gentiana scabra* Bunge 多年生草本。单叶，对生，卵形，脉弧形，无柄。花簇生，蓝紫色；花冠钟形，先端 5 裂，裂片间有副裂片；雄蕊 5，花丝基部有阔翅；花柱短，柱头 2 裂，子房上位，1 室。蒴果。种子多数，有翅。根及根茎（龙胆）清热燥湿，泻肝胆火。

同属植物条叶龙胆 *G. manshurica* Kitag.、三花龙胆 *G. triflora* Pall. 的根和根茎亦作龙胆药用。同属植物坚叶龙胆 *G. rigescens* Franch. 的根和根茎（坚龙胆）功效同龙胆（图 7-63）。

6. 紫草科

紫草 *Lithospermum erythrorhizon* Sieb. Et Zucc. 根（紫草）清热凉血、解毒透疹（图 7-64）。

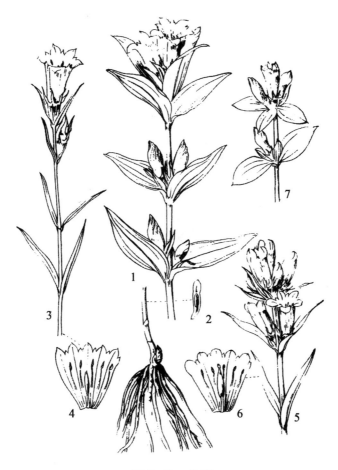

图 7-63　龙胆

1、2. 龙胆；3、4. 条叶龙胆；5、6. 三花龙胆；7. 坚龙胆

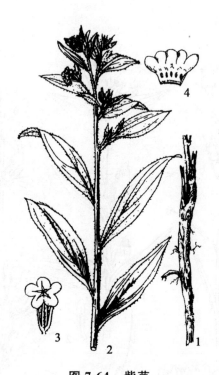

图 7-64　紫草

1. 根;2. 花枝;3. 花;4. 花纵剖面

7. 马鞭草科

马鞭草 *Verbena officinalis* L. 多年生草本。茎方形,基部圆形,节和棱上有硬毛。叶对生,基生叶边缘常有粗锯齿或缺刻,茎生叶多三深裂,裂片边缘有不整齐锯齿,两面均有硬毛。穗状花序细长;花两性;花萼 5 裂,被硬毛;花冠淡紫或蓝色,略二唇形;2强雄蕊,着生于花冠管中部;子房 4 室。蒴果长圆形,4 瓣裂。全国各地均有分布,生于山脚路旁或村旁荒地(图 7-65)。地上部分(马鞭草)活血散瘀、利水消肿、截疟解毒。

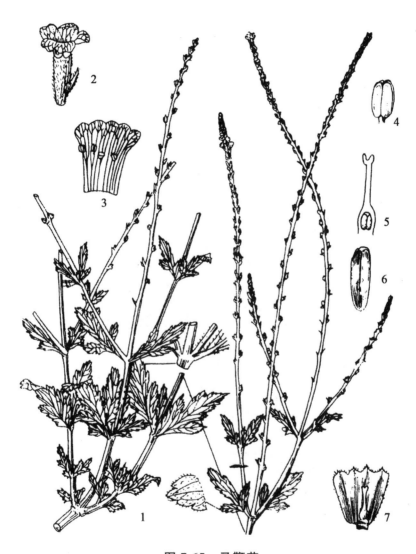

图 7-65　马鞭草

1. 植株；2. 花；3. 花冠剖开示二强雄蕊；4. 雄蕊；

5. 雌蕊纵切，示子房 2 室，花柱生于子房顶部；

6. 小坚果；7. 花萼剖开，示雌蕊

8. 玄参科

玄参(浙玄参)*Scrophularia ningpoensis* Hemsl. 多年生高大草本。根数条,肥大呈纺锤状,干后变黑色。茎方形,下部叶对生,上部叶有时互生;叶卵形或卵状披针形。聚伞花序合成大而疏散的圆锥花序;花冠褐紫色,2 唇形,管部略呈壶状,上部 5 裂,上唇长于下唇;雄蕊 4,2 强。蒴果卵形(图 7-66)。根(玄参)滋阴降火,生津,消肿解毒。

图 7-66　玄参

1. 叶枝;2. 果枝;3. 蒴果;
4. 花;5. 花冠展开,示雄蕊

地黄 *Rehmannia glutinosa* Libosch. 多年生草本。全株密被白色长腺毛。根状茎肉质肥大,鲜时黄色。叶多基生,莲座状,叶片倒卵状披针形至长椭圆形,基部下延成叶柄,叶上面绿色多皱,

下面带紫色。总状花序顶生,花多少下垂;花冠管稍弯曲成坛状,
外面带紫红色,里面常有黄色带紫色的条纹,略呈 2 唇形;2 强雄
蕊,子房上位,2 室。蒴果卵形(图 7-67)。鲜根茎(鲜地黄)清热解
毒降火,生津凉血;缓缓烘焙或晒干(生地黄)滋阴凉血;蒸煮至黑
(熟地黄)补血滋阴。

图 7-67　地黄

1. 植株全形;2. 花纵剖面;3. 雄蕊;

4. 花冠展开,示雄蕊着生的位置

9. 忍冬科

忍冬 *Lonicera japonica* Thunb. 落叶攀援灌木。幼枝密生

柔毛和腺毛。叶全缘，对生，宽披针形至卵状椭圆形，幼时两面被毛。花成对生于叶腋；花萼 3 裂，无毛；花冠 2 唇形，初白色后变黄色，有香味，外面被柔毛和腺毛，上唇 4 裂，下唇反转不裂；雄蕊 5；子房下位，花柱细长，柱头头状；雄蕊和花柱均稍长于花冠。浆果球形，黑色（图 7-68）。花蕾（金银花）清热解毒、凉散风热；茎叶（忍冬藤）清热解毒、疏风通络。

图 7-68　忍冬

1. 花枝；2. 花；3. 花子房纵切面：
示花成对着生，子房下位；4. 子房横切面

10. 败酱科

黄花败酱（黄花龙牙）*Patrinia scabiosaefolia* Fisch.（图 7-69）全草（败酱草）清热解毒、消肿排脓、祛痰止痛；根及根茎治以失眠为主的神经衰弱。

图 7-69　黄花败酱

1、2. 植株全形；3. 花纵剖；4. 花；5. 果实

7.3.3　单子叶植物纲

1. 香蒲科

狭叶香蒲(水烛)*Typha angustifolia* L. 多年沼生草本。根状茎乳黄色、灰黄色,先端白色。叶线形,叶鞘抱茎。雌雄花序不连接,雄花序轴具褐色扁柔毛;雌花序长 15～30cm,基部具 1 枚叶状苞片。雌花具小苞片。全国各地均有分布(图 7-70)。花粉(药材名:蒲黄)能活血、化瘀、通淋。

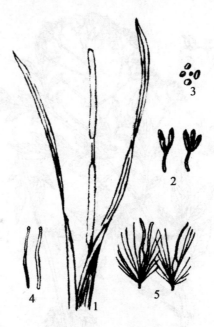

图 7-70 狭叶香蒲

1. 植株上部；2. 雄蕊；3. 花粉粒；
4. 雌花苞片；5. 成熟雄花

2. 泽泻科

东方泽泻 *Alisma orientale*（Samuel.）Juzep. 多年生水生或沼生草本，具块茎，挺水叶宽披针形、椭圆形，先端渐尖，基部近圆形或浅心形。花两性，外轮花被片卵形，内轮花被片近圆形；雄蕊6，心皮多数，排列不整齐。瘦果椭圆形，广布于全国，福建、四川等地均有栽培（图 7-71）。其块茎供药用，能利水渗湿、泄热、化浊降脂。本品为六味地黄丸及桂附地黄丸等的原料药材。泽泻 *A. plantago-aquatica* Linn. 的块茎在有些地区也作为"泽泻"药用。

慈姑（华夏慈姑）*Sagittaria trifolia* L. var. *sinensis*（Sims.）Makino 多年生水生草本，匍匐茎末端膨大呈球茎，球茎卵圆形或球形，雄花多轮，生于上部，组成大型圆锥花序，果期常斜卧水中；果期花托扁球形（图 7-72）。球茎供药用，具有清热止血、行血通淋、消肿散结的功效（图 7-73）。

图 7-71　东方泽泻

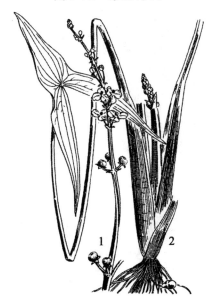

图 7-72　慈姑

1. 花序；2. 植株

3. 禾本科

薏苡(马圆薏苡)*Coix lacryma-jobi* L. var. *ma-yuen*(Roman.) Stapf. 一年生草本。叶片宽大,无毛,互生。总状花序腋生,雄花序位于雌花序之上。雌小穗位于花序下部,为甲壳质的总苞所包;总苞椭圆形,有纵长直条纹,质地较薄,易破碎,内含颖果一枚(图 7-73)。种子(药材名:薏苡仁)能利水渗湿、健脾止泻、除痹排脓、解毒散结(图 7-74)。

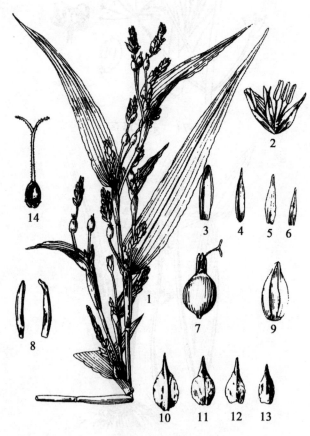

图 7-73 薏苡

1. 植株一部分;2. 雄小穗;3. 第一颖(♂);4. 第二颖(♂);

5. 外稃(♂);6. 内稃(♂);7. 雌小穗;8. 退化雌小穗;

9. 第一颖(♂);10. 第二颖(♀);11. 第一外稃(♀);

12. 第二外稃(♀);13. 内稃(♀);14. 雌蕊及退化的 3 雄蕊

淡竹叶 *Lophatherum gracile* Brongn. 多年生草本，具木质根头，地下具有纺锤状块根，须根中部膨大呈纺锤形小块根。秆直立，叶鞘平滑或外侧边缘具纤毛；叶舌质硬背有糙毛；叶片披针形，具横脉。圆锥花序，小穗线状披针形；内稃较短；不育外稃顶端具短芒；雄蕊 2 枚。颖果长椭圆形（图 7-74）。茎叶（药材名：淡竹叶）能清热泻火、除烦止渴、利尿通淋。

图 7-74　淡竹叶

1. 植株全形；2. 小穗

4. 莎草科

莎草 *Cyperus rotundus* L. 多年生草本，根状茎匍匐，块茎具香气。秆平滑，三棱形。叶基部丛生，3 列，叶片短于秆。花序形如小穗，花两性，无被。坚果三棱形（图 7-75）。根茎（药材名：香附）能疏肝解郁、理气宽中、调经止痛。莎草属我国有 30 余种，16 种可供药用。

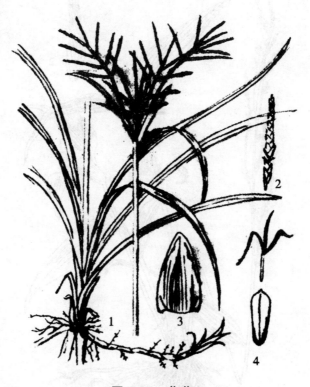

图 7-75　莎草

1. 植株；2. 穗状花序；3. 鳞片；4. 雌蕊

同科植物：荆三棱 *Bolboschoenus yagara*（Ohwi）Y. C. Yang et M. Zhan.（图 7-76）块茎能破血祛痰、行气止痛。荸荠 *Eleocharis dulcis*（Bum. f.）Trin. ex Henschel. 球茎能清热生津、开胃解毒。

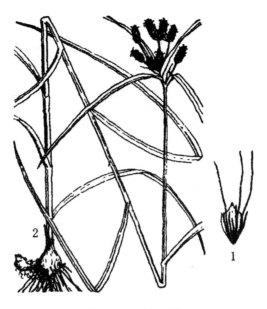

图 7-76　荆三棱

1. 小坚果；2. 植株

5. 棕榈科

棕榈 *Trachycarpus fortunei*（Hook. f. ）H. Wendl. 常绿乔木，叶柄具纤维状叶鞘。叶片近圆形，掌状深裂；叶柄细长。花序粗壮，多次分枝；雄花序具有 2～3 个分枝花序；雄花无梗；雌花序上有 3 个佛焰苞；果实阔肾形成熟时由黄色变为淡蓝色（图 7-77）。叶柄及叶鞘纤维（药材名：棕榈皮、煅后：棕榈炭）、根、果实（药材名：棕榈子）能收敛止血、通淋止泻；髓心（药材名：棕树心）能治疗心悸、头昏。

槟榔 *Areca catechu* Linn.（图 7-78）种子（槟榔）杀虫、消积、行气、利水；果皮（大腹皮）宽中下气、行水消肿。

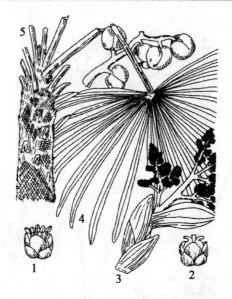

图 7-77　棕榈

1. 雄花;2. 雌花;3. 花序;4. 叶;5. 秆顶部

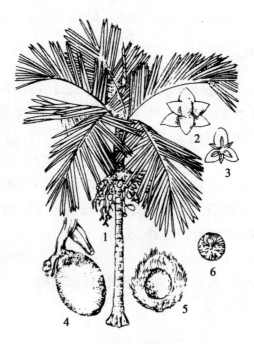

图 7-78　槟榔

1. 植株全形;2. 雌花;3. 雄花;4. 果实;

5. 果实纵切面;6. 种子的纵切面

参考文献

[1]徐世义,堰榜琴.药用植物学[M].2版.北京:化学工业出版社,2013.

[2]严铸云,郭庆梅.药用植物学[M].北京:中国医药科技出版社,2015.

[3]郑小吉,金虹.药用植物学[M].3版.北京:人民卫生出版社,2014.

[4]谈献和,王德群.药用植物学[M].北京:中国中医药出版社,2013.

[5]董诚明,王丽红.药用植物学[M].北京:中国医药科技出版社,2016.

[6]孙启时,路金才,贾凌云.药用植物鉴别与开发利用[M].北京:人民军医出版社,2009.

[7]王兴顺.药用植物学[M].北京:中国中医药出版社,2015.

[8]胡珂,郭凤根.药用植物分类学[M].北京:中国农业大学出版社,2015.

[9]詹亚华,刘合刚,黄必胜.药用植物学[M].3版.北京:中国医药科技出版社,2016.

[10]林美珍,张建海.药用植物学[M].北京:中国医药科技出版社,2015.

[11]姚腊初,刘颖,赵庆年.药用植物识别技术[M].武汉:华中科技大学出版社,2013.

[12]蔡岳文.药用植物识别技术[M].北京:化学工业出版社,2008.

[13]袁小凤等.药用植物分类纲要[M].杭州:浙江工商大学

出版社,2014.

[14]李厉红,罗世炜,曹正明.药用植物学[M].北京:化学工业出版社,2013.

[15]路金才.药用植物学[M].3版.北京:中国医药科技出版社,2016.

[16]段金廒,周荣汉.中药资源学[M].北京:中国中医出版社,2013.

[17]郭巧生.药用植物资源学[M].北京:高等教育出版社,2010.

[18]万德光,王文全.中药资源学专论[M].北京:人民卫生出版社,2009.

[19]黄璐琦,肖培根,王永炎.中国珍稀濒危药用植物资源调查[M].上海:上海科学技术出版社,2012.

[20]张浩.药用植物学[M].6版.北京:人民卫生出版社,2011.

[21]黄宝康.药用植物学[M].7版.北京:人民卫生出版社,2016.

[22]熊耀康,严铸云.药用植物学[M].北京:人民卫生出版社,2012.

[23]梁宗锁,高致明.药用植物学[M].北京:中国林业出版社,2007.

[24]杜广平.药用植物学[M].北京:中国农业大学出版社,2009.

[25]祝正银.药用植物学[M].北京:中国中医药出版社,2006.

[26]王旭红.药用植物学实验与指导[M].2版.北京:中国医药科技出版社,2016.